超級單兵
不斷自我進化的成長法則

朱小蘭 著

我們該如何成為擁有超級競爭力的個體？
唯有進化，方有未來
手握「成長羅盤」每個人都可以是超級單兵！

優勢驅動・系統方法・自主練習

SUPER INDIVIDUAL

目錄

推薦 …………………………………………… 005

前言　僱傭時代終結，人人都要成為超級單兵 ………… 009

第一章　超級單兵：未來職場的新型人才 ………… 023

第二章　定策略：終點就是原點 ………………… 065

第三章　練內功：從優勢到專業 ………………… 103

第四章　快執行：在未知中小步快跑 …………… 139

第五章　價值網：超級單兵不是單打獨鬥 ……… 175

第六章　抗風險：以內控戰勝脆弱 ……………… 213

第七章　敢迭代：沒有成功，只有成長 ………… 251

結語　超級單兵是如何練成的？ ………………… 291

目錄

推薦

陳嬿
企業首席人力資源官（CPO）

　　科技帶來的數位時代洶湧而至，人類很多工作將被人工智慧替代，個體如何在這樣的挑戰下發展新的競爭力，唯有快速「進化」！小蘭老師為我們提供了從普通一等兵到超級單兵的成長路徑。

陳雪萍
《策略破局》作者

　　小蘭老師將企業管理方法論遷移到個人成長上，這是非常新穎有趣的作法。我們的人生與企業經營管理其實有很多相通之處，相信《超級單兵》這本書能夠給予讀者全新的視角去看待個人的職業發展和人生經營。

李夢涓
企業研發人力資源副總裁

　　「超級單兵成長羅盤」是非常實用的個人職場成長工具，能幫助我們在變幻莫測的大環境中定位自己的原點，制定並實施個人成長的最佳路徑及策略。只有準備好自己，才能擁抱未來。

葉世夫
國際教練聯盟（ICF）MCC 大師級教練

　　這是一本每位職場人士都應該讀的書。書中的每個話題都能讓我們清楚地看到職場中的自己，引發對自我成長的思考，幫助我們超越環境的局限，逐步建立自己的人生價值體系。書中既有人生感悟的智慧，也有具體的指導方法，不管你是正在職業道路上一路凱歌，還是正處於迷茫階段，都可以在《超級單兵》這本書裡找到前行的力量與方向。讀完此書，我們會對自己的人生有重新的思考。

鄧斌
《華為成長之路》作者

　　「企業／部門」這個概念可能在不久的將來被放進歷史博物館。個體力量的崛起，已經是顯而易見的趨勢，但如何迎接它呢？小蘭老師在《超級單兵》這本書中剖析「超級單兵」修練的關鍵要素與步驟，讓個人成長有道可循，值得廣大職場人士研讀。

王雪莉
經濟管理學院副教授

　　成為未來領導者的第一步就是「領導自己」，《超級單兵》這本書將管理思維和工具方法運用到管理自身的人生和成長中，這也是本書的獨到之處。

武崇利
聯合國可持續發展基金會副祕書長

　　發展最重要的是人才，希望這本《超級單兵》提高更多人才挖掘和激發潛力，成為未來的超級單兵，為企業、為社會的可持續發展做出奉獻。

郭信平
科技公司董事長

　　面對加速迭代的企業、團隊和日益複雜的商業環境，應該如何保有自身競爭力，往高績效躍進，釋放自己的價值呢？

　　《超級單兵》作者小蘭老師為我們呈現的不僅是決戰職場的致勝法寶，而且是一種工作信念。浩瀚星空，唯信念永固！

張勇
企業董事長、知名創投人

　　小蘭自己就是典型的「超級單兵」，她不僅在自己的專業領域做得很出色，而且善於跨界發展和迭代成長，為成長型企業的提升做出不少貢獻，她的實踐經驗和萃取的方法論，值得年輕人學習參考。

推薦

孫斌
集團總裁

　　我們即便在職業發展的前半場中獲得一些小成績，也依然需要不斷成長和迭代，《超級單兵》中的「超級單兵成長羅盤」，不僅讓我對自己、對未來發展有了新的思考，也啟發我們企業的員工和管理者找到自己的成長之道。

前言
僱傭時代終結，人人都要成為超級單兵

01　我們早晚都要跳崖

他說：「大環境不好，我們部門都被砍掉了，妳認識的企業和 HR（人力資源）多，能不能幫我看看有沒有什麼好機會？」

他，是我的前輩，一名高階程式設計師。說不上有多厲害，前些年輾轉在大小 IT（資訊科技）公司上班，日子過得還算順遂。年前的某一天，跟平常一樣上班，突然被通知整個部門都必須走人，一點心理準備都不給。

中午，他的辦公系統許可權已經被限制，員工識別證也被沒收，換成臨時門禁卡。但他不想回家，約我下班後喝一杯。他拿起苦苦的啤酒「咕咚咕咚」一口氣灌進去，一言不發地盯著窗外。晚上 10 點多了，依然燈火通明，卻容不下一個似乎沒做錯什麼、認真生活的普通人。

「爸爸，你什麼時候回來說故事呀？」

電話那頭女兒稚嫩的聲音，終於讓一個大男人也承受不住了。他避開我的眼睛，哄了哄小朋友，匆忙和我道別，起身離開。他，不僅是一名程式設計師，也是一個 5 歲孩子的爸爸。

前言　僱傭時代終結，人人都要成為超級單兵

我幫他發履歷給一些 HR，沒想到收到回覆：「Sorry（對不起），我們也在裁員，今年已經裁掉 2,000 人了。」僅僅一週內，我就聽到三家著名的大公司在大規模「內部結構最佳化」，像我前輩這種高不成，低不就的中年人，就顯得很尷尬。

我當管理顧問也有十個年頭了，在陪跑企業的過程中，也曾幫助客戶裁過不少員工。一直奉行「以客戶目標為己任」的我，在裁員和離職談話中，從未心軟過。但就在今天，我彷彿和他一起掉進深淵，從他遠去的背影中，看到了那些曾經或未來離開企業的職場人的無奈和壓力。

這不是某一個他不努力而被裁的故事，也不是到了中年才會有的危機。

28 歲，別人看來很體面的留學歸國的你，也對自己的未來很迷茫；

35 歲，別人看來很拚命的你，其實已經很累，想逃離卻又不敢逃；

45 歲，別人看來做得還不錯的你，早晚還得讓位給年輕人。

大家都很努力，可是你真的以為只要拚命埋頭苦幹就能安全？

你真的以為曾經為公司立下汗馬功勞，老闆就會永遠器重你？

你真的覺得每年漲幅不到 8% 的薪資明細，就能成為未來的保障？

2020 年，突如其來的新冠疫情，讓所有人都踩了煞車，似乎也印證了那一句「2020 年是過去十年最壞的一年，但也是未來十年最好的一年」。朋友 A 的旅遊公司倒閉了，舉家搬回老家；朋友 B 好不容易復工了，但也被告知減薪；年前被裁的那位前輩，到現在大半年過去了，也沒有找到新工作，宅在家都快憂鬱了。

或被動，或主動；或現在，或未來，你我都要面對離開企業的挑戰、轉型的痛苦，從輝煌走向下坡的無奈，誰都逃不過。如果，你沒有做好在下一個路口轉向的準備，更沒有為下一次危機提前備好堅實的底盤，突然有一天，你會發現自己早已被時代拋棄，推向懸崖，無處可逃。

人生，早晚都要跳崖，那就勇敢面對，早一點學會正確的跳崖姿勢吧！

02 未來已至，企業結構正在變異

這是一個前所未有的超級時代，沒有一個人能用經驗去面對。

人工智慧、5G、雲端運算……隨著科技的發展，人與環境的關係、人與人的關係、人與機器的關係，都在發生革命性的變化。那麼，我們所處的行業結構又在經歷怎樣的變化呢？

讓我們從「組織」的視角，看看其正在發生的三個變化：

前言　僱傭時代終結，人人都要成為超級單兵

第一，這是一個「快跑」時代，需要「敏捷團隊」快速應對變化。

僅僅三年時間，一大批網路創業公司就上市；一年內，某網購主播快速爆紅，年收入 3,000 萬元、入住上億豪宅……我們看到在這個時代，任何產品、企業、甚至個人都有可能爆紅，但也可能快速隕落。我們意識到在 5G 時代，不僅網路速度加快，所有事物的生命週期也前所未有地加快。

據美國《財星》雜誌（*Fortune*）報導，美國中小企業平均壽命不到 7 年，大企業不足 40 年，美國每年倒閉的企業約 10 萬家。

面對競爭，面對變化，未來行業結構會進化成為「敏捷團隊」。

我有一家客戶是傳統的電梯製造企業。他們的年產量超過韓國加日本的總量，但全集團員工卻不到 200 人。機器替代工人，人工智慧管理系統減掉 2/3 管理人員，根本不需要龐大團隊。企業越來越希望部門能夠「瘦身」，特別是面對疫情這種危機時，對勞動密集型組織而言，人工成本是巨大的成本負擔。

從行業結構上，如今很多新興行業的團隊已不再是穩定的傳統金字塔結構，而是在動態變化中，快速組建團隊、快速解散團隊的敏捷型組織。未來工作也不一定有長期聚集場域，不一定有長期合約，只要有使用者需求，就一起串聯協同起來滿足客戶需求。這樣就可能出現一些新的職業、新的工作方式。

新生代員工也不願意像老一輩那樣在同一個工廠工作一輩子。我們大多數人在一生中將會經歷不同職業、多家企業、新的行業。未來職業發展也未必是同行業直線升遷，而有可能是不同職業體驗的疊加。

那麼問題來了，像陀螺一樣慣性自動旋轉的你，是否想像過 5 年後、10 年後，自己會做什麼樣的新工作呢？

第二，這是一個「貶值」時代，需要「創新團隊」來不斷創造價值。

根據一份〈人才流動與薪酬趨勢報告〉，全國薪酬增速緩慢，我們賺錢的速度趕不上物價上漲和貨幣貶值的速度。但比這個更可怕的是，我們自己本身的價值也正在加速貶值。

我父親當年大學畢業，畢業回老家就是稀有的人才資源，輕鬆進入公司，火速升遷。而我畢業的時候，大學生已然開始不值錢。全國大學畢業生及出國留學人數逐年攀升。學成之後選擇回國發展的人數也逐年成長。

學歷價值、海歸價值都在貶值，那就多累積經驗？沒那麼簡單！經驗價值也在貶值。如今的新媒體行銷、短影音營運等這些很熱門的課程，老師都是 1990 年後出生的達人。相比多年的資歷，可吸引流量、可變現的創意和掌握智慧工具的新玩法，對大眾而言貌似更有價值。

所以，未來團隊必然是「創新團隊」，所需要的也並非簡單

執行的員工，而是具有「創解力」──即用創新的方式解決問題、創造價值的人才。

既然所讀的書、工作經驗、所賺的錢都在貶值，你身上是否擁有能夠讓自己保值、增值的「優勢」，形成自己的護城河嗎？

第三，這是一個「無邊界」時代，需要「共生團隊」建構超連結。

中國爆發新冠疫情，讓美國的特斯拉和蘋果公司推遲新品交付，因為大部分零組件都在中國，甚至武漢生產。日本發生地震還影響到我某個朋友的季度獎金，因為他所在的半導體公司的關鍵零組件，只能從日本幾家供應商採購。地震會影響下個月零組件的價格，從而影響成品的利潤，當然也會影響到他的績效獎金。

世界如此深度連結，我們的團隊和人才競爭也越來越「無邊界」。

地域上，市場無邊界。一家美國企業完全可以整合全球人才。例如，某線上英語教育平臺，就請北美地區的英語老師為其他國家的小朋友教英語。從人才競爭角度，我們的人才市場已然成為全球市場。與你競爭的根本不是你身邊同一所大學、同一個科系的同學，而是全球的各類人才。

過去幾十年全球化的猛烈趨勢雖然被疫情所影響，但隨著疫苗的開發、疫情的控制，未來依然阻擋不了全球產業鏈的合作。

如今的世界，已不可能每個國家永遠關起門來各自內部循環。

產業上，行業無邊界。企業競爭出現跨界「打劫」。例如，影響 A 品牌泡麵銷售量的未必是 B 品牌泡麵，而是「Foodpanda」，因為有了外送平臺，大家都不吃泡麵了。而影響「Foodpanda」的未必是「Uber Eats」，而是「Ubike」。因為，大家可以更方便地去吃現煮的、熱騰騰的餐點。

團隊內，職位競爭也會出現跨界。例如，人力資源總監完全有可能讓銷售經理擔任，因為他才最懂業務，也最懂業務需要什麼樣的人才。誰也不知道明天替代你職位的人，會從哪個完全不同的行業挖來。

所以，未來團隊將會是共同創造價值的「共生組織」。

企業內，完全可以打通部門之牆；企業外，也可以連結全世界的人才，且服務對象和服務內容也會是無邊界的。我當諮詢顧問初期，原本也很介意諮詢內容的邊界，但後來，我們的宗旨變成只要客戶有需求、有需要我們幫助解決的問題，大到策略、小到老闆演講的 PPT 美化，甚至年會宣講企業文化，我都會去站臺。

試問，在這樣一個超連結時代，每天只見方圓 1 平方公尺隔間同事的你；只做駕輕就熟的一種職能工作的你；只了解一種傳統行業的你；只待在一個城市的你，如果哪一天主動或被動地離開了現在的企業，你是否有足夠的底氣，以「你自己的名義」與世界連接，還能夠讓你的價值變現、甚至放大？

前言　僱傭時代終結，人人都要成為超級單兵

03　僱傭關係的瓦解

在新的團隊模式和管理方式下，你與企業的關係也悄然發生改變。

100多年以來，所有先進國家以及後來的我們，都進入了以僱傭關係為主的社會。杜拉克（Peter Drucker）先生曾經這樣描繪道：「1950年代，在大型企業中工作的雇員，成為每一個發達國家的主要風景線……」（《巨變時代的管理》，Managing in a Time of Great Change）

那時候，所有的企業以員工數量的多寡為成功的代表指標之一，所有人都以為，只要工作，就應該去企業裡，而且還嚮往大企業。可面對快速變化、競爭激烈、不確定的未來，如今的雇主在想：

既然未來方向隨時變化，我為什麼平時就要養傳統大團隊？

既然一切在快速貶值，為什麼要僱用那些投入／產出比不夠的人？

既然世界會互聯、互通，為什麼我不能讓更多人成為合夥人，共創價值、共享利益、共擔風險，而不是單由我來承擔有成本卻未必有產出的「僱傭關係」呢？

而那些具有超級能力的人才也不禁會想：

我為什麼一定要一輩子局限於做同一種職業，而不是挑戰

和體驗更多？

我為什麼一定要在同一個平臺上發揮我的價值，而不是去更廣闊的世界？

我為什麼只拿有限的死薪水，而不能真正分享所參與創造的財富？

發現了嗎？無論從企業的需求端，還是人才的供給端來看，傳統僱傭模式的意願基礎正在被瓦解。

傳統僱傭時代的終結，意味著我們面臨從「企業人」到「獨立人」的轉變。

你不一定是自由職業者，所謂獨立，指的是擁有獨立自主的能力，即便在團隊內工作，也不會過度依附於團隊，受制於團隊控制，可共生，也可離開。人才與團隊的關係變得越來越「弱連結」。團隊對人才也是只求「為我所用」，不求「長期僱用」；只要「創造價值」的夥伴，不要「耗費資源」的員工。這就如同過去一相愛就結婚，一結婚就是一輩子；如今，我們更加獨立、自由，相愛可以在一起，但未必一定要結婚；若願意結婚也可以結，但也未必是一輩子。

這將是未來職場的新常態。不，這已經是眼前的現實。

團隊的變化、個體的崛起，對某些人來說意味著無限的機會，而對另一些人來說，則意味著風險增加，加速淘汰。那到底我們如何才能抵禦可能隨時被時代、被企業淘汰的危機呢？

前言　僱傭時代終結，人人都要成為超級單兵

04　唯有進化，方有未來

《人類大歷史：從野獸到扮演上帝》（*Sapiens: A Brief History of Humankind*）中，給出了一個答案。從7萬年前到現在，在時間的變遷中，人類之所以能夠延續，就是因為一些人透過認知革命，演化成為新人類物種。唯有「進化」，方能擁有未來。歷史如此，未來亦如此。

而身為一名微不足道的普通人，不是每個人都想或有能力成為下一個比爾蓋茲，但我們依然要進化成能夠在新的職場環境中持續生存、活得自在的職場新物種，我稱其為「超級單兵」。

新時代、新職場，人人都要活成「超級單兵」。

超級單兵，顧名思義就是「強大的個體」。

超級單兵的「超級」，並非傳統意義上的最高、最強，而是意味著「生命力的強大」，即在時代和環境的不確定性中，活下來、活得好、活得久。

超級單兵，意味著一種新職場的生存方式。過去只是在企業內當員工、往上爬，如果向上無法升遷、當不了領導者，就沒有未來。未來，一個個體不僅在企業內，透過與外部平臺的連結，也可能具有極大的發展空間。

超級單兵，代表的是一種新時代的工作觀。過去，穩定工

作是幸福的，當領導者、成為富豪是成功的。未來，更多人追求更獨立、自由、幸福的自定義價值的活法，而不是活在社會或別人設定的框架、標準和期待中。

超級單兵，具備面向未來的職業續航力。 過去，你有一種手藝或一份穩定工作就可萬事大吉。未來，你需要擁有基於數位化的整合能力，可以跨越不同的事業平臺，穿梭於線上、線下、虛擬與實體空間，在任何一處都可以找到自己的位置和價值。

超級單兵，可以設計多元財富創造方式。 過去，你也許只會想著如何升遷、加薪，賺薪資是唯一一種創造財富的方式。未來，你可以建構自己的新商業模式，以創造多種組合的財富來抵禦風險。

如果你成為超級單兵，不會害怕離開任何團隊，而是與團隊一同為社會創造價值，不會害怕被時代淘汰，而是勇敢地去創造新時代。

05 超級單兵可以訓練出來

2014年，我遠赴美國西點軍校參加領導力課程的研修。課間，校園裡時不時從天空降落下跳傘訓練的學員們。酷酷的迷彩服，襯托著那種上天入地、勇往直前的精神，各個都是超級英雄的模樣。

前言　傭傭時代終結，人人都要成為超級單兵

我們當時的教官是參加過阿富汗戰爭、伊拉克戰爭的高階軍官，我問他：「美國海軍陸戰隊的超級單兵名聲在外，您覺得超級單兵是天生的，還是後天可以培養的呢？」

教官說：「天生的優勢是需要的，但大部分資質是可以透過科學的方法和後天的刻意練習，以及實戰經驗訓練出來的。」

超級單兵＝優勢驅動＋系統方法＋刻意練習

我們基於這樣的人才培養路徑，也為很多家企業實施人才培養顧問專案。我發現，很多夥伴其實不是缺乏成長的意願，而是缺乏對自我優勢的認知，沒有系統的成長方法論，也就不知道該往哪裡努力練習。

這也是我寫這本《超級單兵》的契機和初心，希望能幫助那些具有強烈成長意願，卻苦於不知道從哪裡著手的朋友、那些拚命努力，卻沒得到快速發展的朋友、那些沒有辦法面對面培訓或輔導的朋友，賦予他們自我成長的系統方法論和思維模型，讓每個人學會如何找到自己的成長路徑和策略。

《活出意義來》(Man's Search for Meaning)作者維克多・法蘭克(Viktor Emil Frankl)說：「人所擁有的任何東西都可以被剝奪，唯獨人性最後的自由──也就是在任何境地中選擇一己態度和生活方式的自由──不能被剝奪。」而你想獲得用自己的態度和方式生活的自由，是需要強大系統能力支撐的，這就是本書中超級單兵成長方法論的價值所在。

真心希望本書能激發未來的超級單兵,認識自己、突破自己、成就自己。

前言　僱傭時代終結，人人都要成為超級單兵

第一章
超級單兵：未來職場的新型人才

超級，不是最高最強，而是反脆弱的生命力
單兵，不是單打獨鬥，而是可進可退的獨立
今天，無論你在團隊，還是走出團隊的歸屬
未來，你最終的歸宿，都是更強大自由的你

01 超級單兵前傳

洲，是我認識十多年的朋友，也是我有事沒事總喜歡向其請教的前輩。他的職業發展軌跡裡，透著時代變化的印記，也有著他自己的價值主張。在我看來，他在每個人生階段都活出了屬於自己的一道光。

2004年，我畢業找工作，聽聞朋友說他在一家獵才公司工作。我抱著希望他幫我推薦好工作的期待，在一家咖啡廳裡第一次見到了他。一身筆挺的西裝、沒有皺褶的白色襯衫、黑色邊框的眼鏡……那時候，穿梭在外商公司的白領階級大概都是

第一章　超級單兵：未來職場的新型人才

這個樣子。

　　我好奇地問起他的職涯經歷。他告訴我，之前他在一家顧問公司當管理諮詢顧問，後來也在摩托羅拉（Motorola）做過人力資源經理，現在這個獵才公司是過渡，希望自己能夠投身於更加富有熱情的新領域。那時候我沒辦法理解為什麼他會從光鮮的外商公司跳出來，跳出來去哪裡會更好呢？但看起來他已經非常有想法，那種自信和篤定，讓我很是羨慕。

　　他也問我要找什麼樣的工作。那時候的我也不知道該何去何從，做什麼行業、做什麼職位好呢？我似乎什麼都能做，但又什麼都做不了，似乎有很多想法，卻又沒有篤定的目標。我跟他說：「您有經驗，您專業，您看著辦。」現在想來，他當時肯定很無言吧！人生中如此重要的職業選擇，還要第一次見面的人看著辦！但這大概也是大多數職場小白在迷茫和無助時最真實的樣子吧！

　　幾年後再相見，已是我放棄了鐵飯碗的穩定工作後去英國念書回來。那時，我加入了一家新加坡顧問公司，開始做起洲的老本行——策略和人力資源顧問。洲也告訴我他的變化，他加入了某影音網站，負責人力資源和行政管理。原來，他指的新領域就是興起的「網路」。現在再回過頭去看，那時候恰好就是網路時代影音網站在「風口」之際。

　　隨著影音網站的迅速崛起，幾年下來，洲已經不是簡單的優秀核心成員，而是成為帶領大團隊的專業經理人。身為頂尖

企業的副總兼首席策略官,他的大名頻頻出現在各個論壇和媒體上。偶爾一起喝咖啡,討論的也都是策略問題,從他的舉手投足間,我明顯感覺他從裡到外都已經蛻變成另一個「他」了。

也不知道是受他的影響,還是被時代推著走,我追隨他的腳步,加入了一家最早做行動網路教育的公司。那時候,我們還沒開始使用智慧型手機,我除了打電話、傳簡訊,還不知道 App(手機應用程式)是什麼玩意兒,卻開始參與行動教育和行動閱讀的 App。雖然我不懂技術,但我想,入口網站的時代沒趕上,那就應該趕上行動網路時代的浪潮吧!

不料,2011 年,Nokia 這頭大象開始走下坡,雖然和微軟攜手開發 Windows Phone 系統,但挽回不了 Nokia 手機跌下神壇的命運。Nokia 占我們公司一半的股份,我們自然也免不了連帶被清算的命運。固然拿到了基本的賠償,但也被迫簽署競業條款。人生第一次,我被動失業了。到現在我都依然記得,那天拿著紙箱走出辦公室時的迷茫和無奈。那一刻,我突然意識到,即便在最好的平臺,即便我們的產品已經坐擁 2,000 萬使用者,即便哪一天我爬上了高階管理人的位子,這一切都有可能在某一天突然歸零。

本應三十而立的我,卻毫無防備地失業了。洲倒是主動放棄了萬人羨慕的頂尖企業高階管理人職位,和合夥人一起開啟了新的創業之路,竟然轉型成製作人,做起動畫電影。此時的他,即便我突然在工作日到辦公室找他,也看不到他穿西裝的

第一章　超級單兵：未來職場的新型人才

樣子了。一身簡單的牛仔褲加 T 恤，混跡在年輕人裡，一起打球、一起工作，根本看不到大叔的油膩，活力十足。看起來，那就是傳說中的「自由的選擇」。

我問他為何創業還轉行，他感慨道：「外人看起來是轉行，但其實我覺得前面所有的累積，冥冥之中都是為了現在我所做的事情而準備的。就是賈伯斯（Steve Jobs）說的 connecting the dots（將生命中的點連起來）的感覺。」

恰逢動畫產業剛剛開始崛起，電影院爆發式成長，雖然一開始只有兩個合夥人，但幾年下來，他們做的一部部動畫電影，不僅獲得不俗的票房，還得到各種國際獎項。別人看到他的成功，我卻從他越來越富有熱情的狀態中，看到了喜悅，也許那種喜悅就叫「幸福地工作」。

如果說，洲在時代的變化中踏對了每一次的浪潮，那麼我的職涯發展之路，更像是向內尋找自己的旅程。我從公家機關、到外商公司、再到民營企業，最後越跳越小，終於跳成了「自由的一個人」。

過去十年間，我一直是管理顧問，也是講師、作家，產出課程和分享知識來幫助個人成長。我的職業一直沒變，這個工作的有趣之處在於，我可以看到不同行業、企業的發展、各層級不同工作者的人生故事。我也從一個助理，蛻變成顧問合夥人，常常為成千上百人演講和培訓。

我們都不是官二代、富二代，都是再普通不過的無數老百姓之一。但洲從外商公司到民營企業，從傳統製造業到網路公司，從人力資源主管到製作人，一次次的轉型，都適應得很好。他也不斷突破自我，從員工到高階管理人，從職員到創業，一次次成功躍遷。我不知道他的下一站將會是哪裡，但我知道，某一天，他一定還會主動跳到另一片大海，尋找下一個風口、下一個熱愛、下一個挑戰，創造下一個巔峰時刻。

我自己倒是慢慢更加知道自己會去往哪裡。我熱愛管理研究，熱愛教育，也越來越篤定老師的身分將伴隨我的人生。即便日後，我也許還會去企業內工作，甚至與團隊一起創業，也依然是企業管理研究過程中的「知行合一」罷了，最終也會回歸到分享管理思想，幫助他人成長的初心。

從專業經理人到創業成功的洲，從穩定的公家機關內員工到獨立自由的我，雖然我們無法代表誰，但我們走過的軌跡，以及「不是結局的結局」，又何嘗不是那些靠自己打拚的、平凡但不安分的職場「單兵」們的縮影。

職場世界如同生物世界般，要麼滅亡、要麼進化，弱肉強食、適者生存。洲和我都是幸運的。在一路奔跑的過程中，我們看到很多人壓根兒不願意跟上，有些人想跟卻跟不上。而洲和我，雖然各自選擇不同的發展路徑，但一樣的是，我們一路都在進化，都活了下來，且活得還不錯。

第一章　超級單兵：未來職場的新型人才

在這個時代洪流中，就有那麼一些人總能正向地面對未來，在不確定性中找到確定，在混沌中不斷突破，不被時代拋棄，不被大浪拍死，活出自己的精彩。

我把他們——不，應該說把未來更強大自由的我們——稱之為「超級單兵」。

02　超級單兵是什麼

何謂「超級單兵」？

顧名思義，「超級」就是「強大」，「單兵」是指「個體」，從字面簡單理解，超級單兵就是「強大的個體」。

這與傳統意義上的「能人」有什麼差別？讓我們分別從「超級」和「單兵」這兩個關鍵字切入，理解超級單兵到底是怎樣的人，他們身上有什麼特質。

首先，超級單兵的「超級」，並非傳統意義上的最高、最強，而是意味著反脆弱的強大生命力，即在時代和環境的不確定性中，活得好，且活得久。

從空間角度上，超級單兵在哪裡都能「活得好」。

有些人在一間公司某職位上也許做得還可以，但一旦離開熟悉的環境，比如換了職位、換了公司，或到新行業，就無法適應。

02 超級單兵是什麼

超級單兵,就如同生物界裡的兩棲動物一樣,無論在企業內還是離開企業,都可以生存。甚至有些超級單兵同時兼顧「企業人」和「獨立人」兩種身分。

茫茫的大海還是廣闊的陸地,那只是超級單兵的意願、自由的選擇,而不是被逼只能待在有限的環境裡。

從時間角度上,超級單兵可以穿越時間週期,「活得久」。

恐龍再大也滅絕了,「劊子手」袋獅也已消失,生物界最大、最強的物種,未必能活得久。人也一樣,別看有些人抓住一時機會成功或暴富,但隨著時間的推移,他們未必依然是下一輪贏家。

超級單兵,未必是最大、最強的,但一定是那個能持續活著的。即便小如螞蟻,也能靈敏捕捉變化,學會適應變化所需要的新技能,在每次暴風雨來臨前,將自己轉移到安全地帶,早早挖好洞、儲備好糧食,開啟下一段征程。

其次,再來理解超級單兵中「單兵」的意思。這裡澄清幾個誤解:

第一個誤解,超級單兵 = 自由職業者?

一看到「單兵」字眼,就很容易想到自由職業者。比如,作家、設計師、心理諮商師等。但實際上,超級單兵並不局限於某種個體自由的職業形態。

在企業內工作,超級單兵為團隊交付價值,不怕也不會出局;

第一章　超級單兵：未來職場的新型人才

　　在創業競爭中，超級單兵為市場創造價值，不怕也不會沒錢賺；

　　選擇自由職業，超級單兵與客戶交易價值，不怕也不會沒方案；

　　哪怕全職在家，超級單兵也能讓自己成長，隨時可以殺回職場。

　　超級單兵的「單」並非「單獨作戰」，而是可共生也可離開的「內在獨立」。所以，「獨立性」是超級單兵的第一個特性。

　　第二個誤解，只有超級大咖才是超級單兵？

　　提到超級單兵，你可能很容易想到鎂光燈下的明星或個人IP[01]，像歌手、主持人，或你可能也會想到那些特別厲害的明星企業家。

　　如果說，過去只有那些金字塔頂端、被公眾認知的超級IP，才配得上「超級」兩個字的話；未來，不，今天得益於網路、新媒體，使身邊一些普通人，都有機會建立自己獨特的個人品牌，也可以擁有大量粉絲。即便你不是新媒體人，也完全可以透過自己的專業或獨特價值，形成個人職業品牌。

---

[01] IP 原本是英文「Intellectual Property」的縮寫，直譯為「智慧財產權」，在網路界有所引申。網路界的「IP」可以理解為所有成名文創（文學、影視、動漫、遊戲等）作品的統稱。也就是說，此時的IP更代表智力所創造的，比如發明、文學和藝術作品等這些著作的版權。進一步引申，能僅憑自身的吸引力，掙脫單一平臺的束縛，在多個平臺上獲得流量、進行發布的內容，就是一個IP。它是能帶來效應的「哏」或「現象」，這個「哏」可以在各種平臺發揮效應，因此IP也可以說是一款產品，能帶來效應的產品。

02 超級單兵是什麼

《詩經》中「單」也通「亶」,是誠信的意思。超級單兵,其實不一定是超級大咖,但他在自己擅長的某個領域裡,一定是具有誠信的個人品牌。

第三個誤解,已經成功的「能人」就都是超級單兵?

那些已經擁有「什麼師」或「什麼總」的高階頭銜,或年薪多少個零的成功人士,是不是都屬於超級單兵?不完全是!

我們看過太多「能人」的衰敗,猶如夜空中一道流星,短暫閃耀之後,再也發光不起來,甚至我自己就遇見過承受不了失敗、落差而選擇結束生命的極端案例。

《老子》中「單」既有「戰」,戰鬥之意,也有「繟」,坦然寬舒之意。超級單兵是面向未來、持續追求,保持迭代,落敗時也能坦然面對,快速復原。

總而言之,從「超級」和「單兵」兩個詞綜合理解,超級單兵就是職場中具有獨立性、品牌性、進化性,不被時代淘汰的反脆弱的超級物種。

超級單兵也是新時代變化的產物,其獨特和強大表現為如下四個轉變:

- 新追求:從普世「外在成功」的追求,到自定義的「內在實現」;
- 新發展:從企業內「垂直向上」的發展,到超連結中「個體崛起」;

第一章　超級單兵：未來職場的新型人才

- 新能力：從單一「模組能力」的技能，到數位化的「整合能力」；
- 新財富：從被動「單一薪資」的收入，到主動創造「組合財富」。

■ 新追求：從「外在成功」到「內在實現」

在我父母「四、五年級生」這一輩來說，最成功的象徵莫過於進公家機關或大型國營企業。同學聚會也難免會比等級，吹牛也要說跟哪個大老闆一起吃過飯。那時候的父母，嫁女兒也得先問對方有沒有鐵飯碗的工作，追求的就是那份「穩定」，以及一輩子熬出頭所獲得的「權威」。

七年級生的我大學畢業時，那時最厲害的同學們都去國際投行、國際顧問公司、四大會計師事務所、世界前 500 大外國企業。那時我們的夢想是：扎根北上，出差住五星級飯店，拚成百萬年薪的菁英。

在我 MBA（工商管理碩士）畢業時，政府鼓勵創新創業，周圍最受膜拜和追捧的，是那些融資第幾輪多少億元，瘋狂奮鬥幾年就跑去上市，或公司被某大廠收購，實現財富自由的創業者們。如今，連傳統商學院博士的課程，都沒有成功創業者的分享來得有人氣。

每一代人所面對的世界，所經歷的過程是不一樣的。如何看待未來，如何看待成功，價值標準也發生巨大的變化。未來，

02 超級單兵是什麼

年輕人嚮往的職業會是什麼樣的呢？

有趣的是，在一個「30歲以下年輕人最嚮往的新興職業排名」調查中，竟然有54%的年輕人選擇「網紅」。一半以上竟然想成為網紅？Oh, my god!（天哪！）我們的孩子們是不是墮落到沒前途？

那些不看YouTube、不玩短影音的父母們真的無法理解，為什麼一個網紅如今會比大學老師、公務員、企業高階管理人還擁有更多的粉絲？這個世界怎麼了？前輩們不禁擔憂起下一代的發展。但世界就是這樣，上一代鄙視下一代，但最終又還是由這些所謂「無可救藥的下一代」來掌管世界、推動社會進步，不是嗎？

憑我們的想像力恐怕已描繪不出未來可能出現的新興職業。除了現在流行的網購直播主、粉絲專頁小編、短影音網紅、遊戲測試員……未來隨著高科技的發展，像人機整合工程師、大數據分析師、基因編輯工程師等具有技術含量的工作，也會非常熱門。還有那些有趣的職業，像VR（虛擬實境技術）旅行體驗員、遛狗師、航空體驗員、酒店體驗員等也會大受歡迎。

那麼，未來超級單兵會做出怎樣的職業選擇，又會追求什麼樣的價值呢？

首先，超級單兵不一定是自由職業，但一定是追求獨立自由的。

第一章　超級單兵：未來職場的新型人才

　　我的學員小靜，畢業於某國立大學，父母希望她一個女孩子可以去公家機關工作，嫁個好男人，過安穩的日子。以她的學歷和成績，她完全可以成為父母期待的那個樣子。

　　但是，她毅然選擇了網路行業，後來，隨著短影音行業爆發，她也快速成為短影音營運專家，快速升遷、帶領團隊，還被邀請至線上付費教學平臺上開立「如何做好短影音」的線上課程，擁有很多年輕粉絲。

　　如今，她經常接到獵才公司的電話，有很多企業想挖她去做營運，薪資也不低。我看她很忙，是那種傳說中的朝九晚九（早上9點上班，晚上9點下班），且一週要工作6天。但相比很多上班族，上班時萬般無奈、百般不願，她卻每天很開心地工作。她非常有底氣地說：「我的工作非常有趣，也很有成就感，如果哪一天不想工作了，我也完全有能力開一間工作室或傳播媒體公司，幫助更多企業做短影音營運服務。」

　　所謂自由，並不一定是身價多少億元的富豪，而是一種「選擇的自由」，自由地做自己熱愛的事，做自己擅長的事，開心地走自己選擇的道路。這不是錢給的，而是自己的內心給的，也是這個時代給的。

　　其次，超級單兵不一定做多麼超級的事，但一定是做有趣、有夢想的事。

　　培訓群裡有一位陳老師，曾在機械公司做銷售，後來有了孩子，就開始陪孩子玩樂高。從小喜歡堆積木的他，喜歡上了

樂高世界，樂高似乎點燃了他的熱情。他轉型做樂高培訓師，飛遍全球，學遍了所有大師的樂高課程，還自己研發創新。看似不起眼的玩具，他卻鑽研成了這方面的專家。

如今，他已經是頂尖的樂高培訓師之一，基於樂高為企業開設領導力課程，一天薪資三至五萬。他說：「我一年飛200天，但一點都不覺得辛苦，反而每天熱情滿滿，因為樂高帶給我樂趣、成長和夢想。我還有個目標，就是未來也要輸出自研的培訓課程和工具到全世界，而不是一味學習西方的東西。」

所謂「超級」，不一定要成為比爾蓋茲，但心中要有一個有趣、有夢想的、自己的「樂高超人」。

最後，超級單兵不一定有錢有勢，但一定是內心豐盈且幸福的。

李女士是比爾蓋茲夫婦資助的蓋茲基金會（Gates Foundation）代表處首席代表，她放棄了麥肯錫公司（McKinsey & Company）全球合夥人的高薪職位，放棄了美國優越的生活條件，回國開啟解決社會問題的公益事業，也建立了擁有幾十萬粉絲的粉絲專頁。

李女士和她的先生還共同創立學校，旨在踐行回歸教育本質的創新教育。固然她的財富遠遠達不到富比士（*Forbes*）榜單，甚至有時為了解決資金問題而奔走各地。可是，他們的善舉影響一個個孩子，幫助那些無法接種疫苗的人們，促進貧窮落後地區的一點點改變，她的生命是豐盈的、幸福的。

第一章　超級單兵：未來職場的新型人才

　　她心中的幸福，不是以成為學霸為目標，更不是要嫁有錢人過奢侈的好日子，而是幫助他人的價值感，讓世界更美好的使命感。

　　其實，這三個案例的主角都不是身價上億的人，也不是多有權力的人，但他們呈現出了超級單兵「獨立自由」、「有趣、有夢想」、「利他幸福」的美好樣貌，也告訴我們，你我都可以活成真正的自己、完整的自己。

　　什麼是真正完整的自己？其實，真正完整的自己，就是從自定義的人生價值出發，結合外在世界的需求，將「內在實現」和「外在成功」相結合、相統一。單被外界標準所束縛，你會失去自我；而只考慮自我，卻不考慮社會和他人，終究也只局限於那個小我裡。

　　當然，一萬個超級單兵有一萬個超級的樣子。超級單兵之所以「超級」，就是因為不被普世的「外在成功」的價值標準所束縛，而是勇於追求自定義的人生價值，實現真正的「內在成功」。超級單兵之所以「超級」，更是因為不被「自我內在」所束縛，而是為更大的世界、更多的他人創造價值，實現真正完整的自己。

■ 新發展：從「垂直向上」到「個體崛起」

　　過去，我們想在職場中更能生存發展，就需要在企業的金字塔上「垂直向上」。每天朝九晚五上班，努力執行好上級的指

令,以此獲得公司的認可,一步一步往上爬,最終到達金字塔頂端的職位,那就算是幸運和成功的。這就是曾經的職業發展路徑,很多傳統行業的公司單位,到現在依然如此。

如今,這種金字塔式的結構正在瓦解。組織結構變得越來越靈活、扁平、敏捷。你的出路並不是單向「向上爬」,而是要找到個體崛起的新路徑。

超級單兵,有哪些可行的發展路徑呢?分享四種路徑,但不限於此。

第一,你可以藉助平臺或生態圈成為一個「專案經營者」。

某快時尚女裝品牌就是讓員工成為老闆的平臺公司。它用產品小組的方式,提供了「人人可以成為經營者」的事業平臺。

此女裝品牌內部有 300 個產品營運小組。每個小組由 2 ～ 3 名員工組成,負責營運一個核心商品。在產品設計、頁面製作、貨品管理等非標準化環節,小組都可以擁有發揮創意和自主經營的空間。

此女裝品牌在公司層面建構公共平臺,來為每個小組提供系統支持。一方面,提供初期資金支援,比如一個小組給 80 萬元啟動採購資金。每個小組獨立核算,基於你上一年度的業績指標(包括銷售額、毛利率、庫存周轉率等),來決定下一年度公司提供的資金支援的額度。另一方面,公共平臺會提供供應鏈、倉儲物流、IT 系統、客戶服務系統、整合衣務系統,提供

蝦皮等電商平臺的介面。

未來，更多企業會變成類似的「共創平臺」，由企業提供強大的中臺系統，包括技術工具、商務、法務、行政支援等共享服務，而每個小團隊──甚至小到一個人──都可以選擇利用公司的產品、平臺和服務來開創自己的方案，並分享利潤。

除了公司內部，外部生態圈也會成為「共創生態圈」。比如，網路科技公司會投資和授權給旗下創業公司，在生態圈裡，你可以找到各種支援。所以在職場工作時，進入一個好的生態圈，建立優質連結，也是為未來鋪路的過程。

第二，你可以不簽勞動合約，而成為「事業合夥人」。

這幾年很多行業都流行「合夥人模式」。你可以尋找認同的事業方向，要麼投資一部分金錢，或者用資源價值交換成為事業合夥人。

比如，某付費讀書會 App 就是用「合夥人模式」，在全球建立了 1,700 個分會，擁有 3,000 多個合夥人。從說書開始，此讀書會 App 的創辦人，毋庸置疑是網路知識付費時代的超級單兵，其實那一個個合夥人，也都是連結這個超級平臺的超級單兵。

當然，此讀書會平臺也不會隨便讓人當自己的合夥人，要麼你能投入資金；要麼你能拓展市場；要麼你能帶來流量或策略資源……隨著平臺的品牌知名度越來越高，合夥人的門檻也會隨之提高。

所以，未來的你，是願意簽甲、乙方的勞動合約，還是願意平等地簽署合夥協議，這就要看你是否有足夠的意願和能力，從一個顧客、一個員工、一個團隊主管，進化成為可以完全獨立拓展市場、營運社群、共創雙贏的合夥人。

第三，你可以建立「一人企業」，讓自己的優勢變現。

「一人企業」其實就是選擇自己的某個細分領域做副業或小型企業。

小佟，曾是某知名商學院的主任，每天面對企業家學員、商學院教授和商業案例。後來，她選擇自己熱愛的方向，轉型成為編劇，成立了自己的工作室。

小靜，是某國營企業的技術核心人員。工作之餘，她喜歡做手工蛋糕，發現在女性朋友中還很受歡迎，就索性做起了副業。用天然食材精心製作的蛋糕，再配上自己親手寫的小賀卡，從產品研發、包裝設計到行銷，都是她在工作之餘自己完成的。她的蛋糕在朋友群裡賣得不錯，可以月入三萬元。

越來越多人不願意局限於一種重複性的工作。有學問的農民、有匠心的工人、有才藝的文藝青年，都可以探索更多的可能性。

超級單兵就是大大釋放自己的優勢，建立個人品牌，讓自己的優勢變現。

第四，你可以讓自己成為「個人 IP」，透過流量變現。

某著名主持人說：「未來，人人都要有媒體素養，因為每個人都是自媒體，每個人都需要建立個人品牌。」

網路和自媒體的湧現，讓一部分個體獲得了建立個人品牌的機會。某知名母嬰電商品牌的創辦人，就是把自己經營成一個大 IP 的成功案例。

最早，剛生寶寶的她，和很多新手媽媽一樣，遇到育兒的焦慮和困惑。醫學科系出身的她，想分享育兒知識給新手媽媽們，就開了育兒粉絲專頁。一步步，她從一個全職媽媽，成為與明星同框、代言各類育兒品牌產品的網紅明星。接受某基金創始合夥人的投資後，在做供應鏈管理的老公，也辭職與她一起創業，幫助管理和營運供應鏈及電子商務，打造了母嬰行業裡的明星公司。

當然，超級單兵並不一定各個都要成為鎂光燈下的公眾人物或網紅，也並非所有自媒體都能進化成可變現的商業模式。但可以肯定的是，形成個人品牌絕對可以幫助超級單兵獲得信任，對自己的主業發展也會有幫助。

綜合上面的四個路徑，如圖 1-1 所示，小太陽代表個體「單兵」，圓形代表「團隊」，表示個體與團隊的關係。比如，小太陽在圓形內部就代表在團隊內，在圓形外部就意味著與企業不是僱傭關係。小太陽與圓形的相對大小，表示其強弱程度。

02 超級單兵是什麼

盤點了個體與團隊的各種關係後你會發現，單兵無論在團隊內還是在團隊外，都避免不了面對兩個殘酷事實。

第一個殘酷，就在於你終將要和它說再見，甚至組織會逼你說再見。過去是退休時才會脫離企業，現在再見的時間點越來越提前。過去，即便退休了，企業還與你保持「強連結」，現在即便在企業內工作，你和企業都可能只保持「弱連結」。只有你足夠強大和有影響力，才會有其他人願意與你保持連結。

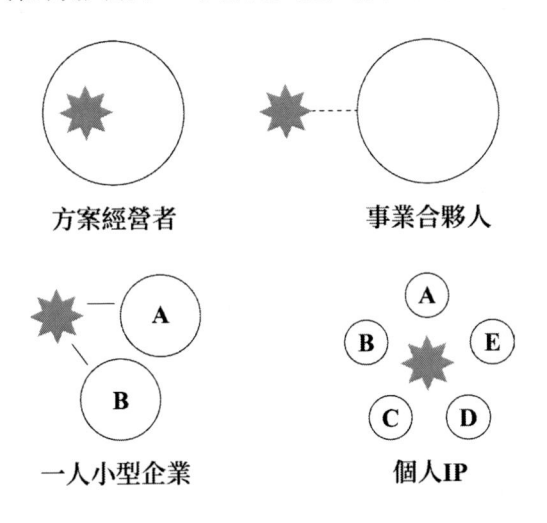

方案經營者　　　　　事業合夥人

一人小型企業　　　　個人IP

圖 1-1　個體與企業的關係圖

另一個殘酷，就是你終將還是不能和它說再見。一旦你脫離企業平臺的連接，即便你自己有十八般武藝，也只不過是一個小小單兵而已，能量是有限的。所以，對超級單兵而言，待在企業內或外並不重要，重要的是建立更多、更強的超連結，

第一章 超級單兵：未來職場的新型人才

讓超級單兵的優勢釋放，甚至指數級放大。

想要成為超級單兵，就得趁早理解你與企業「既獨立又連結」的特殊關係，成為更獨立、更完整、更強大的自己。

■ 新能力：從「模組能力」到「整合能力」

過去，只要你有企業所需要的模組化的一技之長，就可以過得很不錯。比如，你有擅長做財務、技術、人力資源等職能模組的專業能力，就可以很容易地找到自己的職位以及之後的發展通道。直到現在，專業模組的能力依然非常重要。

但在此基礎上，超級單兵要保持進化，就需要整合更多面向未來的新能力。各個行業、不同工作所需要的具體未來能力各有不同，但獲取能力的方式大同小異。這種獲取新技能的能力，就叫「整合能力」。

第一，率先整合數位化能力到自己的工作模組上。

小舒，某知名廣告公司專案經理，服務於三星、現代等多家大型韓國企業。這個女孩因家境不好，沒讀過大學，論學歷，在職場中沒什麼優勢。但在公司裡，她卻勝過那些頂尖大學的畢業生，深受上司和客戶喜歡。她工作效率很高，做出來的成果總是深得客戶認可。每次跳槽，前、後任老闆都會開出翻倍的薪水。她有什麼與眾不同之處？

我觀察到她有個最大的特長，就是非常擅長各種軟體應用。小到製作報告 PPT、背景圖片、音樂影片剪輯，大到客戶

管理系統的 bug（程式錯誤），她都可以自己搞定。她透過熟練掌握各種最新軟體工具，來提高工作效率和客戶滿意度。據她說，這些都是透過雲端課程自主學習的，她要麼在探索新技能，要麼就在學習新技能的路上。

身處數位化時代，雖然不是每個人都能擁有掌控人工智慧和大數據的能力，但快速掌握使用數位化工具的能力，是必備的生存技能。甚至未來，得益於雲端運算公共服務，個體或個體開發者的運算能力和大企業的運算能力，會變得越來越公平。誰率先整合到自己的工作模組中，就會有先發優勢。

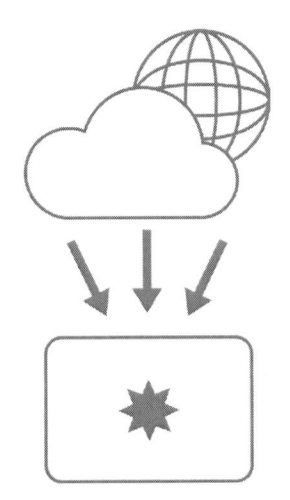

圖 1-2　從雲端自我整合未來的能力

如圖 1-2 所示，如果能快速將未來所必備的數位化工具的「開發能力」和「應用能力」整合到你自己的能力中，你到任何地方都能有一席之地。

第二，把自己快速整合到全價值鏈中。

以我這樣一個諮詢顧問的成長為例，當身為顧問助理時，做好後臺支持性工作就可以，包括訪談數據整理、數據搜尋、報告 PPT 美化。但想獨當一面成為諮詢顧問，那就需要能做中臺交付方案的工作，比如診斷問題、撰寫諮詢報告。當要成為合夥人時，就得再加上前臺工作，也就是大客戶銷售，包括挖掘客戶需求並簽約、統籌專案、管理客戶預期、解決衝突等。

如圖 1-3 所示，通常小到一個專案，大到一個部門，都可以大致分為前臺、中臺、後臺的工作。前臺，是與客戶接觸最多的工作，中臺是交付業務工作，後臺是系統支持性工作。超級單兵需要將自己快速整合到各個環節中，並且在核心價值鏈上發揮自己的價值。

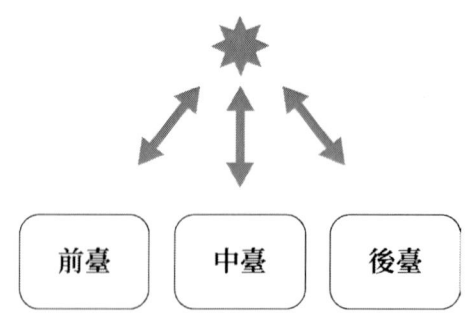

圖 1-3　把自己快速整合到價值鏈中

比如，一位設計師，看起來是交付專案的中臺工作，但如果不局限於自己的小邊界，而是多參與到前臺工作，他就能更

02 超級單兵是什麼

加快速理解環境的變化,深度洞察客戶的需求,就能成為超級設計師,甚至未來可以成長為合夥人。

整合到全價值鏈中,並非是要超級單兵親力親為所有工作,而是需要把自己整合到各環節中,掌握資訊、能力和資源。為了整合這些,你可能需要主動參與和承擔更多責任,但看似好像承擔更多,實則會補足超級單兵跨界進化的能力。

第三,以自己為中樞,整合他人的能力。

超級單兵未必是萬能的,也不可能成為萬能。但他可以整合實現目標所需要的完整能力結構,越是想做大事的超級單兵,就越需要整合更多其他人的能力。

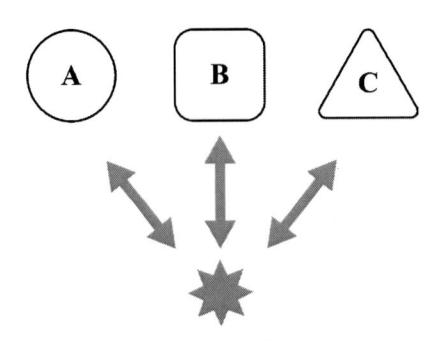

圖 1-4　整合其他人與團隊的互補能力

那些企業家、創業家都是這類超級單兵,他們會找來能力互補的最強合作夥伴。組織,其實就是整合能力的平臺,未來企業會透過提供強大的中臺和後臺服務,讓超級單兵放大自己的優勢,減少營運成本。

第一章　超級單兵：未來職場的新型人才

　　哪怕像顧問、網紅、作家這樣看似獨立的工作，也需要整合其他人的能力。比如，我撰寫這本《超級單兵》新書，身為內容創作者，自己再超級，也需要專業團隊的策劃、出版、發行、推廣等能力組合，圍繞作家、賦予全方位能力，才能最終完成。

　　總而言之，不管是從雲端、從團隊，還是從他人那裡集結能力，為的就是讓自己足夠開放地接納新東西，吸收更多能量，讓自己越來越強大。且僅當自己強大，你才不會被動。

▌新財富：從「單一收入」到「組合財富」

　　過去，大部分人創造財富的模式是單一的。要麼工作賺薪資，想方設法升遷加薪，要麼投資做生意，投入自己的全部身家，賭一把人生逆襲。

　　隨著個體與企業的關係發生變化，從單一僱傭模式到各種形式的合作模式，超級單兵的盈利模式也從被動的、單一的薪資收入，到主動的、多元的組合財富模式。

　　個體的收入可以分為三種類型：

- 工作收入：透過你的時間和交付的工作來交換報酬；
- 投資收入：透過股票、基金、股東權益、保險等各種投資理財工具創造投資報酬；
- 創業收入：透過產品、服務獲取利潤，以及透過商業模式在資本市場上進行融資、營運、上市或併購等獲得資本報酬。

02 超級單兵是什麼

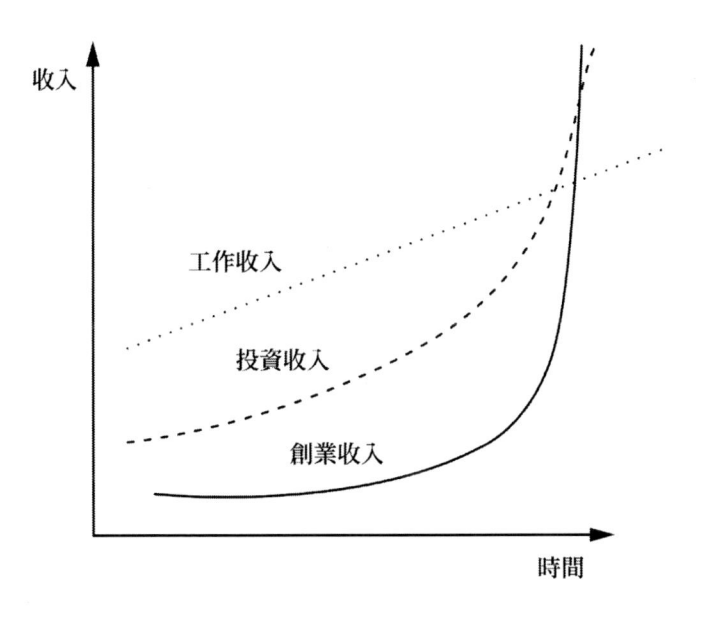

圖 1-5　個體三種收入類型的成長曲線

　　超級單兵,就是將三種收入類型組合起來,設計自己的收入模式。組合,可以帶來更多的可能性,也可以分散風險。

第一,單一收入組合。

　　過去的工作收入,比如薪資,一旦所在的企業不景氣或你被辭退,就可能會面臨窘境。超級單兵就會透過「工作組合收入」的方式進行風險規避。

　　顏總,曾在某股權基金做投資總監。這兩年辭職後,當起自由顧問的他,為幾家企業做財務策略顧問。每個月,這些企業客戶支付他一定額度的費用,他也相應付出一定時間參與公司經營中的重要會議和決策。他說:「這樣的工作方式雖然沒有

固定一家企業發高薪那麼穩定，但即使有些公司倒閉了，或合作不下去了，我的收入池整體也影響不大，因為雞蛋放在多個籃子裡。」

工作組合收入，雖然也是工作收入，但是組合不同的收入來源。一些專業服務類職業，如會計師、律師、顧問師、培訓師等，都常見這類收入方式。還有些「斜槓人士」，上班之餘開闢出副業收入，比如寫作、設計等，也是「工作收入 A＋工作收入 B」的組合模式。

同理，投資收入和創業收入也都可以開闢出「A＋B」同類收入的疊加，比如，從多個投資項目收取報酬，創業公司多孵化新的產品線或分公司。這既是開闢一條新的現金流，也是分散風險的方式。

第二，工作收入＋投資收入。

分享一個反例。旭老師，2020 年正好到了五十知天命的歲數。前些年他發展得不錯，在國外有一份薪水不菲的工作，讓周圍人羨慕不已。他看起來很有生活品味，開豪車，出入高級餐廳、喝洋酒、抽雪茄，喜歡奢侈品。但今年回國發展的他，找我諮詢時說：「不怕妳笑話，別看大哥前幾年還不錯，但現在手頭真沒什麼錢。我最後悔的事莫過於收入還不錯時都花光了，妳以後可別像我這樣。」

我們都不是含著金湯匙出生的人，年輕時都是靠販賣自己

的時間和勞動力來換取報酬。但到了一定階段後，人與人的財富就會拉開距離。那些拿出一定比例收入配置到投資理財的人，即便沒有了工作收入，大多都可抵禦一定的風險。而那些用各種信用支付工具透支消費的人，奮鬥多少年都可能原地打轉。

超級單兵，就是在自己年富力強時，增加工作收入的同時，拉出第二條投資收入曲線，組合管理出未來財富的種子。

第三，工作收入＋創業收入。

一些創業企業會提供內部員工某些共創價值、共享財富的內部激勵機制或內部創業機會，而不是拿死薪水。

比如，某上市公司集團曾經在創業時，提供員工三種薪酬方案：A方案，原有薪資；B方案，70%薪資＋股權；C方案，生活費＋股權。當時，15%的人選擇A方案，70%的人選擇B方案，15%的人選擇C方案。最終，此集團上市時，當然是那些捨棄短期利益、看重長期報酬，與公司一起共創價值的人，獲得了鉅額的財富。

一些傳統行業也為員工創造這樣的共創平臺。某連鎖超市，就是透過合夥人激勵機制獲得高速發展。此超市門市員工除了基本薪資，還有機會獲得門市超額收益分紅。所謂超額收益，即預先設定基礎毛利金額或利潤金額，超出預設的基礎數額後，超額收益由公司和員工進行收益分潤，分潤比例溝通討論，一般有五五分、四六分，甚至三七分。只要願意，從門市

經理到員工,都有機會收益分潤,甚至成長為合夥人。

用好這樣的平臺,你就可以拿一份薪水之外,還能創造創業收入。

第四,創業收入+投資收入。

我的理財顧問韓老師,就是用這個組合,成為實實在在的億萬富翁。

他自己經營一家主營食品加工原料的貿易公司。身為一家大企業的經銷商,他判斷,雖然業務很穩定,但也不可能做得多大。所以他建立了一支私募基金。透過這個組合,短短5年時間,達到了從200萬元到8,000萬元的原始累積。

相比那些身價幾百億的大老們,韓總看起來不算厲害。但實際上,就單打獨鬥而言,他已經跑贏了大多數人。

韓老師並沒有選擇融資上市這種創業道路,他選擇專精自己的企業,加上管理基金的組合方式。當我問他為什麼選擇這種模式,他回答:「一來,我傾向於長期主義,這種模式可以一輩子持續。二來,時間自由。時間,才是我最大的財富。」原來,在他看來,財富不僅僅是錢,他透過這種方式,確保了自由支配的時間,把時間投資在運動、閱讀、學習、陪伴孩子等他認為最重要的人生價值上。

第五,三種收入組合。

是不是可以出現三種收入組合呢?或者,是不是三種都有

02 超級單兵是什麼

才是最好的呢？

當你身處有價值的公司平臺，在公司平臺內部深度參與創業，公司也願意讓你當深度連結的合夥人、分享股權和利益時，三種收入組合也是有可能實現的。如今，越來越多公司平臺願意發展內部合夥人，如果你判斷自己所在公司是具有價值的平臺，那請你爭取不要只當員工，而是成為合夥人。當與公司共同創造財富後，公司也會對外投資。這時，也可能針對性地發行投資基金，可讓內部人優先認購。這就形成工作收入、創業收入、投資收入的三種組合了。

但請記住，從人力資源角度來看，當前短期的工作收入和未來創業或投資收入之間是此消彼長的關係。也就是說，如果你想從平臺上獲得短期的高現金報酬，你的股權或選擇權會受影響；如果你想要獲得更長期的報酬，可能需要犧牲一部分短期利益，不可能什麼都想要。

另外，三種收入都由自己來主導的情況下，建議不要同時都要，在一段時期，有側重點地拉出不同收入線，而不是同時耕耘。比如，創業成功後，再去投資機構做投資。對大多數人而言，能拉出兩條收入曲線已經非常不容易，因此要先集中從自己擅長的部分開始拉高收入曲線。

所有上述組合沒有對錯，沒有誰更好，只有適合自己的才是最好的。你從擅長的方向、遇到的機會開始慢慢拉出收入組合就好。

在我開始關注各行各業已經成為超級單兵的高手時，我常問他們賺錢背後的原則。我發現，他們雖然收入模式各不相同，但都有三個共同特點：

- 目的明確：懂得賺錢的目的，而不是簡單追逐錢本身；
- 底層原則：對報酬與風險，都有自己的底層原則；
- 長期主義：不圖短期暴富，透過長期管理來累積綜合財富。

想必隨著行業結構的創新、金融工具的創新，也會出現更多不同形式的收入組合。在那背後，超級單兵的底層能力，就是設計自己的獲利模式，並控制其中的風險。

03 超級單兵成長羅盤

超級單兵並非一天練成。那有沒有可以指導踐行的成長方法論，可以更有意識、有策略地讓一個普通人也能一步步成長為超級單兵呢？

「超級單兵成長羅盤」，就是一套指引你進化成超級單兵的方法論，也是整本書的框架基礎。在詳細解讀成長羅盤之前，我必須說明大前提。

前提一：獨特性。

每一個超級單兵的個案都是獨特的。他們的成功也都具有

天時地利人和的綜合因素，任何成功都無法完全複製。但成長羅盤提煉出的系統邏輯，是具有共同性的步驟和方法論。它不一定能準確地解決你具體的某一個問題，也不一定馬上教會你快速升遷、加薪賺錢，但它一定會啟發你思考如何自我進化。

前提二：可塑造性。

我曾經問過西點軍校的教授：「超級單兵是天生的？還是後天培養的？」他說，一部分資質基礎的確是天生的，但大部分能力是可以刻意訓練出來的。我堅信，當你理解了方法論（知），實踐中刻意練習（行），最終形成屬於自己的一套思維系統（悟），也可以蛻變成為超級單兵。

前提三：遷移性。

人類認知中的各種學科，在底層思維層面都是可遷移的。比如，數學、生物學、軍事科學等學科，都對企業經營管理思維產生重要的作用，很多法則、方法論，都是適用於企業經營和團隊管理的。同理，職場人身為企業中的細胞單元，企業管理的方法論和思維，也能夠遷移到個體的自我經營和發展中。所以，這也是為什麼我會在本書的闡述中運用大量的商業案例，這些商業案例是為了「借假修真」，讓你理解其中的思維模型，有些經驗更可以直接遷移到個體的發展中，希望你能細細體會其中可遷移的思維方法論。

第一章 超級單兵：未來職場的新型人才

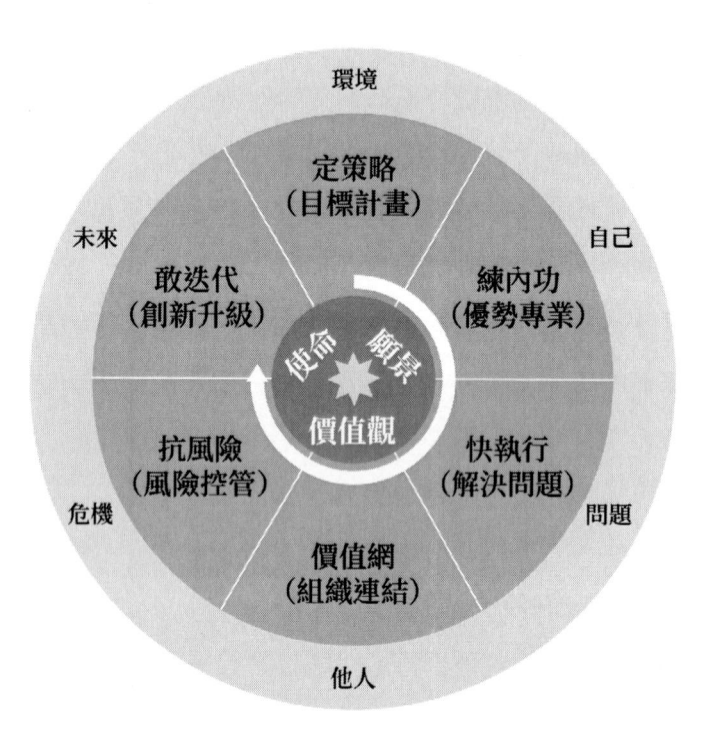

圖 1-6 超級單兵成長羅盤

超級單兵成長羅盤，可以在你的蛻變之路上給予如下的幫助：

- 找切入點：幫助你探索從單兵到超級單兵可以從哪裡切入；
- 路徑策略：成為超級單兵必經的六個路徑，及其關鍵策略；
- 盤點差距：盤點自己與超級單兵的差距，知道努力的方向；
- 動態平衡：學會如何透過內在與外部的動態平衡實現內外和諧。

超級單兵成長羅盤，由「三層環」構成，分別是內核層、路徑層、環境層。

內環：核心層。

核心層，其實就是超級單兵最為核心的、自己內在的部分，由人生的使命、願景、價值觀組成。

- 使命，就是你人生事業的意義和目的。
- 願景，就是你是誰，未來想要成為的樣子。
- 價值觀，就是你認為重要的價值，也是評判標準。

這些聽起來很空泛的信念層面的東西，其實對我們人生的過去、現在和未來，潛移默化地產生非常重要的作用。如果能夠更早、更清晰地認知自己的使命、願景、價值觀，會幫助你形成支點，在不確定性中找到確定，形成對目標的定力，也會幫助我們最終達到既有外在成功，也有內在和諧的更好的自己。

外環：環境層。

最外一層是環境層，是影響我們成長發展的外部因素。構成的要素有：

- 環境：包括宏觀環境，比如政治、經濟、技術、社會等，或你所處的行業、企業組織、部門團隊的環境，以及這些環境的需求和變化；
- 自己：這裡指「外在的自己」，比如社會身分、角色標籤等；
- 問題：外部環境所造成的、需要解決的問題或障礙；

第一章　超級單兵：未來職場的新型人才

- 他人：需要協同的團隊內、外部的團隊或合作夥伴；
- 危機：突如其來的危機，以及可能造成的影響；
- 未來：短期、中期、長期可能發生的新趨勢。

環境層的這些因素本身，大部分並不為個體意志所左右，很難直接去控制和改變。所以，超級單兵更需要多面對它、接納它、洞察它，盡可能辨識環境因素所帶來的機會和風險，提前布局應對策略，能夠達到動態平衡。

中環：路徑層。

路徑層，是連接內環與外環的中間層，也是我們自己可作用的一層。

路徑層，顧名思義就是一步步成為超級單兵的實踐路徑，透過這一環的路徑模組，無限接近內在的自己與外在環境因素，達到統一的最佳狀態。

路徑層，由六個模組組成，也是本書後面著重闡述的六個章節。

第一模組，定策略。借用企業策略的思維模型，幫助超級單兵做更好的職業選擇，思考工作的意義，並具體落實到年度目標和策略中。好策略也會成為成長羅盤中的「指北針」，在動態變化中讓你不忘初心，堅持走到心中的目的地。

第二模組，練內功。超級單兵需要建立自己立得住的支撐點。這個模組會告訴你如果捨九取一，什麼是超級單兵最先需

要練的？用什麼策略，如何練出來？

第三模組，快執行。執行是讓策略開花結果的關鍵。這個模組告訴你執行中不要踩的雷，如何能夠在快執行過程中解決問題。

第四模組，價值網。超級單兵不是單兵作戰。價值網，可理解為實現目標所需要的連結，包括團隊、合作夥伴、客戶、網路流量等。這個模組會告訴你什麼是價值網，如何讓價值網成為成長槓桿，實現快速、甚至指數級發展。

第五模組，抗風險。這個模組相當於給快速奔跑的超級單兵一個「減速帶」。會幫你整理如何辨識風險，建立風險內控系統，讓自己在快速變化的不確定中，避免大的危機。

第六模組，敢迭代。只有迭代，才能進化，唯有進化，方能擁有未來。自我進化不僅需要革自己命的勇氣，更需要正確的路徑。這個模組會遷移企業創新迭代的原理，讓你獲得自我迭代的路徑和方法論。了解超級單兵成長羅盤的構成要素，並了解如何使用成長羅盤來指導自己。

04　成長羅盤使用指南

在成為超級單兵的路上，我們可以拿成長羅盤作為儀表板來做規劃和復盤，建議每年全面深度地整理一次，每個季度復盤一次。你可以按照下面四個步驟來使用成長羅盤。

第一章　超級單兵：未來職場的新型人才

第一步，找「切入點」。

切入點，就是確定從哪裡出發，成長羅盤以什麼為基點，優先成長哪一個模組，並在較長時期內堅持不變。

假如，你是要開始新的事業，或正在重新整理發展計畫，那最理想的狀態，是從最內的核心層出發，嘗試提煉出人生的「使命、願景、價值觀」，從而切入到路徑層的第一個模組「定策略」，再順時針轉盤到第六模組「敢迭代」。

這當然是最理想的狀態。但現實往往是迷茫的、骨感的，甚至是殘酷的。一來，並非所有人出發時就清楚知道自己的人生使命和策略。大部分人其實不知道目的地和自己想要什麼，是走著走著，才逐漸清晰起來的。二來，即便有人知道自己的夢想，能夠確定使命和願景，但在現實面前，有時需要做些暫時的妥協。通常，只有極少部分人可以從核心層進入，大部分人還是會在迷茫中邊走邊想的。

所以，你大可不必因為自己的迷茫而焦慮。你完全可以選擇從其他模組確定「切入點」。比如，你雖然沒想好方向，但在某個專業領域具備優勢，就可以從第二模組「練內功」開始。或者，你眼前擺著一個看起來不錯的工作機會，你可能需要先去做，就先從「快執行」開始。如果，你身邊有貴人，也許剛好能幫助你找到新工作或創業，你也可以從「價值網」入手。甚至，像特斯拉創辦人馬斯克（Elon Musk）那樣，從最後一個模組「敢

迭代」切入，從顛覆傳統汽車行業開始。

發現了嗎？其實，想成長為超級單兵，首先就要找到屬於自己的那個「切入點」。那個切入點，在一定時期內會成為你賴以發展的基石，甚至會成為競爭中的護城河。

但無論從哪個模組切入，我依然強烈建議你在奔跑的路上，不要忘記要同時不斷思考、完善其他模組，特別是核心層的「使命、願景、價值觀」，哪怕當下沒有清晰的答案。相信我，一輪一輪的思考，一定會帶給你更快的成長、更好的結果。

第二步，找「路徑」。

不管從外部機會，還是從內在的召喚出發，你都要進入「路徑層」。

在路徑層，你可以從「定策略」開始順時針整理和規劃，將每個模組的策略，變成你具體的行動計畫。如果在閱讀本書的過程中，你能做好下面兩件事，就一定會有意想不到的收穫。

第一件事，學會一個關鍵策略思維模型。

在每個模組中，都會出現一個關鍵策略思維模型。請你理解這個策略的含義，結合自己的工作，對思維模型進行刻意練習。

第二件事，認真回答問題。

在每個模組中，我都會時不時提出問題，請你不要略過，而是認真回答這些問題。如果你從沒想過這些問題，說明你可

能存在思維盲點，需要尋找屬於自己的答案。如果你已經有答案，那就請對照羅盤中的核心層和環境層因素，看看在那些因素的變化影響下，你是否依然堅持過去的答案。

第三步，找「差距」。

對照成長羅盤，你可以盤點自己目前的發展現狀，找到差距。

如果，你發現自己在任何一個模組裡都做得不太好，那就建議你按照書中章節的順序，一步一步跟著流程重新整理。

如果，你覺得在一部分模組上有些欠缺，也可以去先讀那個章節。

如果，你覺得有些模組很難補短，那就需要其他人的能力整合。例如，你可能很擅長具體細微的工作，那些使命、願景之類的概念，無法自己提煉出來，那就請教專業的教練幫你整理和突破。

第四步，找「平衡」。

成長羅盤中的三層環並不是靜止的。羅盤實際上是三個同心圓，是可以動態轉動的。因為世界在變，你自己也在變，策略與執行路徑都可能隨之發生改變。我們平衡的目的，是找到內外和諧的方向及匹配的實現路徑。

因為這三層之間的不和諧會帶來負面影響。比如，當環境層與核心層不和諧，就算你遇到外部機會成功了，但自己的內

心未必幸福快樂。當核心層與路徑層不相配，那麼你會做著做著覺得沒意義，或跑偏，而不是指向真正的目的地。當環境層與路徑層不相配，你就會無法順勢而為，白白努力卻沒成效。

因此，需要定期或不定期復盤和校正。你需要問自己三個問題：

Q1：我的初心有沒有改變？（核心層反覆確認）

Q2：我正忙碌的工作是不是指向初心，有沒有偏離軌道？（路徑層與核心層校正）

Q3：外部環境有沒有變化，是否需要調整路徑？（路徑層與環境層校正）

這個調整不是一輪就能完成的，是一個長期動態調整的過程，達到無限接近三層環，實現和諧的最佳狀態，在你走向成功的同時，遇到生命充盈的自己。

當然，現實世界遠比我們能夠寫在書裡的故事和思維模型複雜得多，每個人的成事與否，也都有眾多變數在影響結果。但如果你能抓住成長羅盤的核心變數和原則，至少我敢保證，你可以工作得更篤定，生活得更通透一些。

人之所以恐懼，是因為方向未知；之所以焦慮，是因為不知道該怎麼辦；之所以有無力感，是因為手中沒有工具。希望成長羅盤可以在你成為超級單兵的路上，成為你的嚮導、你的工具，陪伴你探索目的地，告訴你有什麼可能的選擇，友情提

醒不要踩的雷,幫助你提升所需要的能力。

來吧!帶上成長羅盤啟程,踏上超級單兵的進化之路吧!

05 重點筆記

■ 超級單兵

職場中具有獨立性、品牌性、進化性的超級物種,他們不被時代淘汰,活得好且活得久。

■ 超級單兵的四個轉變

- 新追求:從普世的「外在成功」的追求,到自定義的「內在實現」;
- 新發展:從企業內「垂直向上」的發展,到超連結中「個體崛起」;
- 新能力:從單一的「模組能力」的技能,到數位化的「整合能力」;
- 新財富:從被動的「單一薪資」的收入,到主動創造「組合財富」。

超級單兵成長羅盤

- 內環:核心層;找到「使命、願景、價值觀」為核心的內在自我。
- 中環:路徑層;實現內在自我的路徑,由定策略、練內功、快執行、價值網、抗風險、敢迭代六個部分組成。
- 外環:環境層;影響成長發展的環境、自己、問題、他人、危機、未來六大外部因素。

第一章　超級單兵：未來職場的新型人才

第二章
定策略：終點就是原點

> 策略，如天空的北極星，仰望星空，指引方向
> 策略，是你手中的地圖，腳踏實地，策劃行動
> 篤定方向，你的選擇不會糾結，懂得有捨有得
> 不忘初心，你的征途沒有抱怨，征服迷茫挑戰

這幾年非常流行一個詞，叫「VUCA時代」，是寶僑公司（P&G）首席營運長羅伯特・麥克唐納（Robert Alan McDonald）借用軍事用語來描述新世界的狀態。VUCA是不穩定（Volatile）、不確定（Uncertain）、複雜（Complex）、模糊（Ambiguous）的縮寫。

在這樣「紊亂」的VUCA時代，不管是企業還是個體，都面臨著前所未有的迷茫和挑戰。我們如何掌控自己的命運，成為那個想要成為的真正的自己？

為此，我近距離訪談了很多優秀的人生贏家，也以顧問和教練的身分，幫助過遇到問題和困惑的學員。我發現，固然每個人的故事各不相同，但有一點，大部分人和事的結局看似偶

第二章　定策略：終點就是原點

然，卻早已在原點埋下必然的種子。

對企業而言，「做企業的初心和使命」既是原點，也是終點。它決定了做什麼產品，招募什麼樣的人，做成什麼樣的事，之後再做什麼，最後又怎麼走向消亡。就個體而言，「想要過什麼樣的人生，成為什麼樣的人」既是終點，也是原點。它決定了你選擇什麼職業，創什麼事業，結交什麼朋友，最後是否對自己的人生滿意。

終點即是原點，原點也是終點。

想清楚每個階段的「原點」和「終點」，找到連結它們的路徑，這是成為超級單兵要解決的重要核心命題。我把它稱之為超級單兵的「策略」。

01　超級單兵的「策略」

一直以來，我們認為想獲得成功，就是設定目標，並為此全力以赴。好像只要勇敢地定個目標，足夠努力，就能實現。但真相是：夢想誰都有，但並不是所有努力的人都能實現。那到底差距在哪裡呢？是不夠努力，還是運氣差？

其實，差距就在大部分人並沒有設計策略。這就如同手上沒有地圖，不知道自己現在在哪裡，要去往哪裡，更不知道如何穿越充滿挑戰和危機的黑暗森林。

01 超級單兵的「策略」

那到底「策略」是什麼？

搜尋「策略」這個關鍵字，你可以找到很多種權威的策略大師的學術定義，但我們用最簡單的字面拆解來理解策略的含義。

「策略＝策＋略」。

在戰爭中，策略（戰略）就是選好優勢戰場，基於戰場的環境，設計和調整策略，從而實現勝利，完成使命。

人生的各個發展階段，也同樣需要策略的設計。定策略，不僅能幫助你理性地做出重要的選擇，找到驅動的力量，也能有策略、有規劃地實現目標。

定策略，定的是什麼呢？定策略，需要釐清三個基本問題。

- 做什麼？
- 為什麼？
- 怎麼做？

英國著名作家 J‧K‧羅琳（J. K. Rowling）說：「決定我們成為什麼樣的人，不是我們現在的能力，而是我們的選擇。」（《哈利波特──消失的密室》，*Harry Potter and the Chamber of Secrets*）定策略，就是選擇你自己的「終點」和「原點」，從這兩點出發，選擇「做什麼、為什麼、怎麼做」。

首先，從「終點」出發。

「做什麼」的終點，就是「願景」。你有沒有想過自己 5 年

第二章　定策略：終點就是原點

後、10 年後，甚至更遠的未來，會成為什麼樣子？願景，就是你未來想成為的樣子，也可理解為長期目標。

「為什麼」的終點，就是「使命」。你為什麼心甘情願去做某個工作？為什麼明明知道很艱難還要去創業？這背後存在一種力量叫「使命」，小則一個專案的使命、一份工作的使命，大則人生的使命，你的使命可以幫助你找到做事的意義。

「怎麼做」的終點，就是「價值觀」。價值觀，指的是所推崇的價值排序，也就是什麼對你更重要。比如，你覺得財富重要，還是自由價更高？你認為客戶重要，還是公司利益重要？價值觀，小則是你做事的原則，大則是人生的價值標準。

所以，從終點出發，策略就是探索屬於自己的「使命、願景、價值觀」。這也是超級單兵成長羅盤中核心層的三個要素，幫助我們找到真正的內在自我。

其次，從「原點」出發。

在原點選擇「做什麼」，就是一種定位。如杜拉克說：「策略不是研究我們未來做什麼，而是研究我們今天做什麼，才有未來。」你今天在原點做什麼，就會有什麼樣的未來終點。當然，對於那些已經非常清楚使命、願景、價值觀的人來說，今天做什麼都是指向於此。

在原點思考「為什麼」，就是整理自己的內在驅動，什麼是你做事的契機和動力。最強大的內驅力來自使命、願景、價值

觀。但如果還沒有想清楚這些,就要思考自己該從哪裡切入,能讓自己運行起來,因為什麼,自己會富有熱情。

原點上思考「怎麼做」,就是確定每一個目標、每一個策略、每一個計畫。有了「目標、策略和計畫」,你就知道如何配置自己的資源,知道自己的時間、精力應該著重放在哪裡,需要什麼樣的人,投入多少資金成本。一步一步,到下一個路口,你就會又看到下一個目標,最終這些疊加起來,會成為你的未來。

所以,從原點出發,策略就是確定今天的「選擇、目標、策略和計畫」。

總而言之,策略如同天上的「北極星」,讓我們仰望星空,知道該往哪個方向走。策略也是手中的「地圖」,讓我們腳踏實地,知道如何邁出每一個腳步。

策略,真的那麼神奇,會讓我們的未來有所不同嗎?

02 征服迷茫與挑戰的力量

早上 6 點,從桃園擠火車、擠電梯狂奔趕著去打卡;

上班朝九晚九,靠數不清的濃咖啡勉強「續命」,泡在永遠忙不完的任務中;

直到午夜,老闆還傳訊息,還不忘灌心靈雞湯;

第二章　定策略：終點就是原點

　　每分每秒都想辭職，但想想快要繳房租了，貸款也還沒還完，算了！

　　你是不是也這樣日復一日地上班、加班，迷茫、無力卻無法改變？

　　這是小欣的日常。小欣，是我客戶的一名員工，研究所畢業，長得也很漂亮。學歷不錯的她，找個養活自己的工作並不難。她一畢業就進了一家不錯的公關公司，可做了半年，覺得太辛苦，就跳槽了。

　　跳來跳去，這已經是她畢業5年後第5份工作了。稱心的衣服還能穿上幾年呢？工作為什麼總是換來換去，都不如意呢？眼看著自己大學同學一個個高升主管，她開始焦慮，也很迷茫，主動找我接受輔導。她很想改變自己的狀態，但不知道該怎麼改變，是該再一次跳槽呢？還是去讀個 MBA 什麼的？

　　我沒有急著給她答案，先問她：「如果妳不滿意現在的狀態，妳能和我描述一下，在理想狀態下，5年後的妳的一天將會是怎麼度過的？」

　　前面一直很健談，還不停抱怨的她，突然沉默了，神情開始變得沉重起來。似乎她從來沒有想過自己未來的樣子。應付每一天快節奏的日子，完成別人交代的任務，根本沒有精力去仰望星空，想自己的未來，想自己真正想成為什麼樣子。

　　她苦笑了一下，說：「想那麼遠做什麼，我每一天都很努

02 征服迷茫與挑戰的力量

力,只要認真地生活,總歸會有好結果的吧!」

不!未來打認真努力的人一記耳光的時候,妳會感覺更痛、更冤。

大鋒,是我 MBA 的同學,曾在某大型國營企業做得得心應手。他多年來工作都認真負責、兢兢業業。工作狂的他,人生字典裡沒有「休假」這個詞。天道酬勤,不到 35 歲就已是分公司副總,這在國營企業可是大有前途。可是,就在他剛提拔為管理職沒多久,就被捲入一場事件中需要背黑鍋,位子還沒坐熱,就被降級到一個可有可無的虛位,再想升職,幾年內是沒戲唱了。

職場中的挫折讓他感到憤怒、無奈,而原本滿腔熱情的他,開始頹廢起來,美其名曰「想開了」。每次我問他最近忙什麼,他總說:「嗨!我正叫幾個兄弟打麻將、喝酒。妳隨時可以找我,反正我也沒事做,現在有的是時間。」

他說得很輕鬆,但我卻能感受到他內心的不甘。我很清楚他的工作能力,也相信他未來一定會有所作為,但為什麼這一回合被打倒,眼裡就失去了光?

小欣和大鋒都是我輔導的真實案例。為什麼小欣畢業起跑時本來很優秀,卻像浮萍一般,迷茫、焦躁、未能發揮她的潛力,獲得更好的職涯發展?為什麼大鋒的前半生很順利、很成功,遭遇挫折後就放棄奔跑了呢?

第二章　定策略：終點就是原點

　　我們每個人又何嘗不是小欣，天天拚死拚活、撲滅眼前的火，內心總有個聲音問自己：「我幹嘛呢？這麼累是為了什麼？」我們又何嘗不是大鋒，明明能力強、也很努力，卻常常遭遇各種困難，有聲音來安慰自己：「嘿！想開點，就這麼做吧！」

　　這就是缺乏策略目標的指引，缺乏策略力量的支撐。

　　經過多次一對一深度對話，小欣和大鋒都各自整理出未來三年發展策略以及更具體的年度目標和計畫，並把它整理到一張 A4 紙上。

　　我告訴他們，別小看這張 A4 紙。它會告訴你如何去做重要選擇，哪個選擇是最佳解。它也會在那些看似不起波瀾的日復一日中，讓你看到堅持的意義。它會給你力量去征服新的挑戰，也會在黑暗中陪伴你前行。它更會很神奇地吸引你所需要的資源和機會。當你想好想去的終點，全世界都會來幫你。

　　整理完策略，大鋒選擇離開原本的公司，重啟人生。半年後的一天，他打電話給我，興奮地說：「妳是對的！妳是對的！定策略真的很有用。告訴妳一個好消息，我剛拿下一個智慧城市 5,000 萬元的大案子。真的感覺全世界都在幫我。」

　　我真心替他高興，不僅是因為拿下大案子，而是他已經找到了自己的策略目標，並一步步實踐。這種狀態讓他的生活也發生了正面的改變。他開始長跑，減掉 12 公斤的「油膩」，看起來年輕了十歲。2020 年，各行各業由於新冠疫情都處於很艱難

的時期,他卻帶領團隊,獲得了某上市公司集團的投資,公司估值 20 億元,已經提交上市申請。

小欣,整理完策略反倒就不再跳槽了。我陪跑客戶公司的那兩年間,她連升三級,成為總監。她不再盲目跳槽,開始有目標、有策略地工作。她說,當時畫出來三年後的樣子,已經提前一年實現了。如今,她已經有了下一個目標。

這就是策略的力量。《好戰略,壞戰略》(*Good Strategy Bad Strategy: The Difference and Why It Matters*) 中,理查・魯梅特 (Richard P. Rumelt) 說:「好策略不僅能敦促我們實現某個目標或願景,還能清楚意識到當前的挑戰,並提供應對挑戰的途徑。挑戰越大,好策略就越需要集中和協調。只有這樣,我們才能獲得競爭力,才能解決問題。」

有了策略的力量,更進一步,一個人的生命狀態也會發生改變。策略帶來篤定的力量,在混沌中不再迷茫,黑暗中不再恐懼,會帶你走向積極改變、勇於挑戰的正向循環之中。

你也想改變嗎?那先問問你自己,你的人生有策略嗎?如果有,是不是好策略?如果是好策略,你把它實踐成現實了嗎?

第二章　定策略：終點就是原點

03　定好策略的四個視角

既然每個人都需要人生的發展策略，那我們該如何去設計這個策略呢？

策略大師亨利・明茲伯格（Henry Mintzberg）說：「很多人對策略的認知就如同盲人摸象，沒有具備審視整個大象的眼光。策略本身，就是處理全局的問題。」想要從全局考慮策略，就要從下面四個視角出發。這四個視角既是定策略的出發點，也是設計出好策略的基本原則。四個視角缺一不可。

- 定位視角：確定優勢，選擇戰場；
- 計畫視角：要有計畫，更有計謀；
- 能力視角：聚焦資源，擊穿目標；
- 進化視角：自我提升，策略升級。

第一，定位視角：確定優勢，選擇戰場。

從定位視角來看，定策略解決的是「在激烈的競爭中如何存活下來」的問題。

推薦一部歷史電影《鳴梁：怒海交鋒》。鳴梁海戰在朝鮮歷史上是非常著名的、以弱勝強的一次朝日之間的對決。朝鮮能以 12 艘戰艦打敗日本數百艘戰艦，絕對是策略上的勝利。表面上看，日本艦隊數量直接碾壓朝鮮，但朝鮮艦隊卻有一個關鍵優勢，就是單艘戰艦的戰鬥力強。如何設計，才能最大化發揮

自己的優勢？朝鮮艦隊找到了一個可以「揚長避短」的地方，就是鳴梁海峽。鳴梁海峽水流急且十分狹窄，創造一對一對決的機會，就能大大地發揮單艘戰艦的戰鬥力優勢。

這就是選擇了對的戰場，最大化地發揮自己的優勢而獲得的勝利。所以在定位策略時，不一定要跟風，不一定要硬拚，更應該找到自己差異化的優勢，找到那個最能夠發揮你優勢的戰場。

那問題來了，對你而言，你的優勢是什麼，哪裡又是你的戰場呢？

第二，計畫視角：要有計畫，更有計謀。

從計畫視角來看，定策略解決的是「如何將策略意圖轉化為目標，並有策略地執行」。

多年前，我曾以股東身分參與過 HR COFFEE，一個 HR 群眾募資的咖啡店方案。第一家店開張時，藉著社群經濟的風口，很快就在業內和周圍商圈打出名氣，三個月就損益平衡。管理團隊準備透過資本融資，三年開出 100 家連鎖店。

但準備第二家店時就陷入了困境。單店銷售額不增反降，儲備的資金也燒不起了。面對挑戰，股東和管理團隊有不同的認知。有人認為我們的問題是「如何提升客戶體驗，加強服務培訓」，有人則認為「探索新的成長點，增加早餐服務」，還有人認為是「營運管理差，應該更換更專業的店長」。每一種看法都暗

第二章　定策略：終點就是原點

示著應該採取相應的措施，並認定其在應對挑戰的過程中居於首要地位。

無人能夠準確地確定「問題」的真正所在，無人能拿出明確的目標和行動方案。的確，在錯綜複雜的局勢和挑戰面前，能夠洞察真正的「問題」，並把它轉化為行動策略和計畫，才是定策略的本事。沒有清晰明確的策略，再加上過多的股東，很難統一想法，最終咖啡店撐了四年後宣布關閉。

發現了嗎？我們缺的並不是目標，而是找到真正的問題和方案。我們缺的也不是「計劃」這個動作，而是設計好的計謀，又稱「策略」。職業發展也一樣，很多人以為拚命工作就能脫穎而出，其實關鍵在於有策略地解決關鍵問題。

思考一下，目前阻礙你發展的「關鍵問題」是什麼？如何解決？

第三，能力視角：聚焦資源，擊穿目標。

從能力視角來看，定策略要解決的是「如何有效配置資源，建構支撐策略實踐的能力」的問題。

某入口網站COO（營運長）陳總在一次管理論壇中，分享他做策略變革的案例。那時，他剛走馬上任，看到帳面上剩餘的資金不多了，需要快速融資並找到業務成長點。在這之前，公司做了房產、招聘、租屋、服務、中古車等十多項業務。連廣告詞也說「什麼都有」，但「什麼都有」就等於「什麼都沒有」。

03 定好策略的四個視角

所以陳總到公司做的第一件事就是換策略。哪一個環節才是能撬動整個平臺的核心點？入口到底是哪裡？最後，他們覺得一個人從學校畢業，肯定會先去找工作，找完工作才有錢去租房子、買車、享受服務。所以決定聚集所有資源砸向招聘。結果，在春節期間，應徵業務單日流量從 2,000 萬暴增至最高 9,700 萬。

陳總日後總結說：「策略，說穿了就是六個字——『選擇、聚焦、擊穿』。」

任何企業都資源有限、能力有限，即便那些做了多元化的集團公司，也是先聚焦資源，擊穿一個，再拓展下一個，而不是分散火力去攻克多個高地。

個人也一樣，也需要有效配置自己有限的時間、精力和能力，在一定時期內，聚焦到一個領域去擊穿它。

那麼，請你盤點一下，目前你的能力是不是聚焦在關鍵的策略目標上？

第四，進化視角：自我提升，升級策略。

從進化視角來看，定策略解決的是「如何在變化中持續升級」的問題。

波斯灣戰爭中，伊拉克帶領 10 萬大軍，僅用兩天時間，集中拿下了科威特，這是典型的集團化作戰策略的勝利。他們選擇了科威特戰場，用自己的優勢擊穿成功，為保住勝利，還用

第二章　定策略：終點就是原點

舉國之力擴張軍備，大規模修建三道防禦陣地。但為什麼他們在短短半年之後，就被多國部隊給擊退了呢？

以美國為主的多國部隊，沒有墨守成規打城市戰，而是先進行「空中打擊」，不僅切斷伊拉克的通訊系統，還從航空母艦發射導彈，精準打擊裝甲師，讓伊拉克的機械部隊癱瘓。而伊拉克卻依然採用傳統的挖戰壕、壘碉堡、埋地雷等方式。

這就是策略未能升級。環境在變化、競爭對手在變化，如果不進行策略升級，早晚都會被打敗。

哈佛商學院的約翰‧R‧韋爾斯（John R. Wells）教授提出過，三流的策略是無視變化，被變化所拋棄；二流的策略是跟隨變化，能夠應對變化，做出快速改變；一流的策略是建立變化。

據統計，也就只有5%～10%的人或企業能夠做到一流，有意思的是，那些定過一流策略的人和企業，在成功之後，往往也淪落到大多數的二、三流，也產生策略惰性。

因此，從進化的角度，要提醒自己不斷自我提升，升級策略。

請你思考一下，在這個行動網路時代，你的發展策略有什麼調整？

總而言之，定位視角、計畫視角、能力視角、進化視角，這四個視角構成定策略的全局視角。它們並不是獨立或替代的關係，而是互補的關係，不能捨棄任何一個視角。這四個視角

也是你自己判斷現有的策略是不是好策略的原則。

有了定策略的出發點和原則，我們該如何定出自己的發展策略呢？

04 定策略的四個關鍵

常常有學員諮詢：「未來做什麼工作有前途？」、「我應該選A公司還是B公司？」、「我要不要考MBA？」其實，這些問題最終還是由你自己來「定」。身為顧問所能給的，就是思考的框架和工具，幫你整理已經在你大腦和內心的想法。

就像我們去幫企業做策略顧問，顧問可以幫助企業做行業調查、競爭分析，甚至也能給出企業應該如何經營的建議方案。但最終真正的「定」，是領導者的決策。也只有領導者自己篤定地決策，才能堅定地執行並堅持下去。

因此，定策略是一個自我決定。那，定策略需要具體「定」下來什麼？

定策略，定下的就是回歸到策略的三個基本問題：做什麼、為什麼、怎麼做。並把自己的決定分解到每一年的具體計畫中，我把這個計畫稱之為〈年度策略地圖〉。這是將「策略」這個聽起來「虛」的東西，落實到紙面上的「實」的計畫。

定策略的過程，你需要分析和決定下面四個關鍵：

第二章　定策略：終點就是原點

- 策略選擇：向外看，選好外部機會；
- 策略驅動：向內看，開啟內在驅動；
- 策略路徑：向上看，設計發展路徑；
- 策略執行：向下看，掌控年度計畫。

■ 策略選擇：向外看，選好外部機會

為什麼從同樣的學校畢業，幾年後同學之間卻是截然不同的發展結果？

《孫子兵法》說得好：「善戰者，求之於勢，不責於人。」有時候我們累死自己也沒能做出名堂，其實是出發時策略選擇就沒做對。

想想你是如何選擇工作的呢？錢多、事少、離家近、環境好、HR 漂亮？符合這些標準的，真的是對你未來發展最好的選擇嗎？一個人的未來，就是在每一個分岔路上的「選擇」疊加而成的結果。

那好的職業選擇應該考量哪些方面呢？以賽車場來比喻職場，我們需要考量賽道、賽車、賽車手和觀眾這四個要素。

第一，賽道。你選對行業了嗎？

在高速公路跑還是在泥濘路上跑的結果截然不同，好的賽道會幫助你加速發展。

以劉總為例，他在德國留學期間，兼職當導遊、賺生活費。

有一次，他接待了外國的商務考察團，考察德國的太陽能產業。雖然只是導遊，但他這一路跟下來，發現這個行業是個朝陽產業。德國在太陽能領域具有技術優勢，加上自己的德語優勢，他覺得這是個好機會。他代理了德國品牌，並很快打開了銷路，這讓他賺到了人生第一桶金。後來太陽能產能過剩，他也迅速調整策略，更換了賽道。他說，自己的階段性成功其實不是自己有多厲害，而是選擇了一個好賽道。

所以，請你時常看看自己所處的賽道未來是不是有足夠的成長空間？如果判斷需要轉型時，可以考慮以下兩種轉移方式。

第一，你的行業上下游價值鏈中還有哪些機會？比如，原本是做服裝布料，跳到零售商或服裝電商等。你可以從低附加價值的領域，跳到高附加價值領域。每個行業都有關鍵的價值鏈，抱那些關鍵價值鏈上的企業的大腿，是個不錯的選擇。

第二，你的行業還有哪些風口有機會嘗試？但請注意，雖然說「站在風口上，豬都可以飛起來」，但實際上，遇到風口不過是錦上添花。比如我一個大學校友，在運動健身風口上，憑藉 15 頁 PPT 就融資創業了。但後來一直未能找到最佳化的業務模式，等到風口過去，無法持續融資，就做不下去了。所以，風口固然重要，更重要的是，趁著風口去打造真正可以讓自己飛的核心能力，才是王道。

你現在的賽道，是未來有足夠上升空間的嗎？

第二章　定策略：終點就是原點

第二，賽車。你選對公司及模式了嗎？

同樣好的行業，為什麼有些人跑出來，有些卻沒有，這就是賽車的問題了，也就是所在公司以及這個公司的模式。金同學，是我的學員，大學畢業後，進到一家韓國公司做銷售。年輕時，他除了想快點賺錢，並沒有想過發展。到了 30 歲，他覺得雖然銷售賺錢很快，但這幾年除了漸長的酒量之外，沒什麼長進。人往高處走，他也想去更好的平臺歷練發展。

經朋友介紹，他拿到了同行業兩家公司的 offer（錄取通知）。一家是韓國大財團 S 集團，另一家是本地 J 公司新設立的行動平板事業部。S 集團坐落在市區，開出的薪水是 J 公司的 1.5 倍；J 公司在離市區很遠的開發區，剛起步的行動平板事業部，除了上司，就是自己，挑戰很大，前途未卜。如果是你，會選擇哪家公司呢？

家人勸他去財大氣粗、更穩定的 S 集團，但他卻選擇了薪水更低的 J 公司。論規模、論名氣，J 公司遠不如跨國集團，可他相信，隨著當地的崛起，作為全球布局智慧產品和智慧物聯網領域的頂尖區域，J 公司一定會有很大的攀升空間。果然，公司提供了體系化的培訓和考察學習機會，所接觸的客戶和合作夥伴，也都是全球最頂尖的公司，能夠開啟國際視野。

2020 年是他進入 J 公司的第八年，他已從初級員工成長為帶領幾百人的事業部副總。我約他見面，常常得到的回覆要麼

是今天在美國矽谷談專案，要麼是明天要和韓國三星談生意，談的也都是上億元的大專案，格局和能力已今非昔比。

當我問他對當初的選擇做何感想，他露出一絲得意的笑容：「當初我就覺得這個公司未來很有潛力。這些年我也接觸到了這個行業全球最厲害的玩家，學習了很多先進的東西，而且隨著團隊的壯大，也促使我學習管理，我很感恩我的公司。」

都是同行業，他當初如果進入 S 集團或許也不會太差。但他選擇了具有未來潛力的好公司，與公司一同實現了比預期更快的成長。

這就是好賽車的力量，為你賦予能力，帶你加速。

那麼請你問問自己，是不是上了具有攀升空間的好賽車呢？

第三，賽車手。你跟對可靠的人了嗎？

有人看「好行業」，有人投「好公司」，有人就堅持跟「對老闆」。

遇見丹丹是在十年前的一個展覽上。幹練的短髮，炯炯有神的眼睛，語速超快，一看就是那種「不安分」的女孩。休息時間我們閒來聊天：「妳是做什麼工作的呀？」她回答道：「現在在一家 PC（個人電腦）公司做市場行銷，但我以後很想創業。」

在那之後，我聽說她很快辭職，跟著總監一起創業，心想女孩還滿有勇氣的。每年我總能和她見上幾面，每次都見她忙不同的項目。今天接市場推廣，明天經銷品牌白酒，後天談代

第二章　定策略：終點就是原點

理家具，說實話，那時不太懂她到底在做什麼。

三年前，她請我去她公司講課。這時，我才認真了解她到底在做什麼。原來，前些年趁電商迅速發展之勢，她跟著老闆做了一家第三方營運公司，並成功讓某家居品牌紅了，創造出該行業銷量冠軍的好成績。可想而知，之後各類品牌商家紛紛找他們做代營運。

培訓課程開始前，CEO（執行長）向全員熱情推廣未來5年的策略目標，要成為最專業的360度數位行銷公司。原來，這位就是當年她跟著一起創業的那個老闆。他描繪著宏偉的藍圖，看起來既有格局，也很實幹，還願意分享蛋糕。十年來，丹丹身為他的左右手一起打拚，不僅成長為副總，還獲得股份。當公司被上市公司收購時，這個曾經2萬多元起薪的女孩，一下子就獲得了500萬元的報酬。

2019年年底，我去她公司考察，此時的她正在商學院就讀，忙著寫畢業論文。我問她：「如果請妳告訴創業者一個祕訣的話，妳會說什麼？」她說：「我其實就是跟對了人才有今天，找到那個有格局又實幹、值得跟的老闆或合夥人很重要。」

當然，或許有些人自己就是那個帶領別人的賽車手老闆，而對更多人而言，與那個值得跟的賽車手綁在一起，也是不錯的選擇。因為，生意可以換，模式可以變，但終究都是人做出來的，真正好的領導者，早晚都能帶領大家做出成就來。

你找到了人生發展路上值得長期一起做事的、可靠的領導者或合夥人了嗎？

第四，觀眾。你要服務的客戶是誰？

所謂觀眾，就是你的客戶，客戶的需求在哪裡，你的機會也在哪裡。

Angela，是我的一個客戶，她的經歷讓她很關注「女性」這個群體，總想為女性的幸福和成長做點什麼。

對女性這個群體的關注，加上有服裝行業的經驗，她創辦了 Y 公司。不同於其他品牌，Y 公司圍繞著「她形象、她旅行、她成長、她健康」四大模組服務女性。「她形象」，透過會員制銷售服裝；「她旅行」，安排女性穿著漂亮衣服旅拍；「她成長」，讓女性學習成長課程；「她健康」，圍繞女性健康議題，提供優質的產品。

那麼她做的 Y 公司到底是什麼公司？是服裝公司？旅遊公司？都不是！Y 公司，就是先鎖定女性人群作為客戶，找到了她們的需求，確定了業務選擇。

當然，你未必一定要創業，選擇職業也可以思考「服務於誰」的問題。比如，你關注兒童，可以選擇加入教育企業；你關注弱勢群體，就可以加入一些非營利組織。對某些群體的共鳴和關注，洞察到他們的需求，想為這群人做些什麼，這樣選擇的職業，會讓你找到意義和使命感。

第二章　定策略：終點就是原點

你關注哪些群體？想為他們做些什麼呢？

賽道、賽車、賽車手和觀眾這四個因素可以是面對機會、面對選擇的考量角度。當然，世界上並沒有「錢多、事少、離家近」的工作，也沒有賽道、賽車、賽車手和觀眾都很完美的專案或事業。

一位 CEO 曾建議，選擇小公司，就著重看賽車手，也就是老闆可不可靠；選擇成長型公司，就要考量公司的商業模式有沒有前途；選擇大公司，老闆也見不到，模式也大致成型，你一定要選擇好的大賽道。

好的選擇，不是貪婪擁有，而是懂得取捨。

■ 策略驅動：向內看，開啟內在驅動

真正好的選擇，不僅是「向外看」外部機會，還要「向內看」自己的內在。

選擇好的外部機會可以加速成功，但能讓你堅持並感到幸福的，一定是內在驅動。如果，恰好你能找到「外部機會＋內在驅動」的事，那麼恭喜你，一定會碰撞出巨大的能量，既能更容易獲得「外在成功」，也能獲得「內在實現」。

分享四種常見的內在驅動，開啟你自己的那股內在力量吧！

驅動一：熱愛驅動。你真正喜歡什麼？

「做自己熱愛的事」大概是很多人都夢寐以求的理想狀態。樂樂，就是熱愛驅動開啟了新職業的人。她特別喜歡博物館，

04 定策略的四個關鍵

剛開始是在社群媒體裡分享博物館收藏品的一些趣事。後來，安排親子博物館遊學，在業內漸漸有了名氣，索性就辭職、全職經營社群媒體了。

很多人羨慕樂樂那樣的人，做自己喜歡的事，看起來自由、快樂、毫不費力。羨慕之餘，你真的理解「熱愛」這個詞嗎？

熱愛，不就是超級喜歡嗎？樂樂自掏腰包、獨自背著4歲女兒遊走50多個國家、101個博物館，為錄製5分鐘影片，大熱天穿著厚厚的cosplay（角色扮演）服裝，連拍15個小時，這些是簡單喜歡就可以的嗎？我們常常忘記喜歡前面還有「超級」，忘記喜歡背後是哪怕沒有報酬也要付出的極致投入。

熱愛，不就是讓我們快樂的事嗎？我曾訪問過一位著名的小提琴演奏家。我問：「您最開心的時刻是什麼時候？」他說：「在舞臺表演獲得觀眾熱烈掌聲的時候。」我接著問：「那您最痛苦的時候呢？」答案很有意思，他說：「是我沒日沒夜反覆練琴的時候。」原來，熱愛也不是沒有痛苦，如果扛不過那些痛苦的錘鍊過程，可能你依然停留在喜歡的階段，無法真正獲得熱愛帶來的成就感。

原來，我們大多數人並沒有真正懂得熱愛，是因為熱愛不僅僅是與生俱來的快樂，而是透過極致投入、痛苦磨練才能遇見的結果。

第二章　定策略：終點就是原點

驅動二：資源能力驅動。我能做什麼？

姜總是我的一位企業客戶。他畢業於某普通大學機械工程系，在幾家 IT 企業工作過，如今卻是一家商業地產美食城營運服務企業的老闆。

商業地產美食城，這聽起來與他的專業和職業經歷完全不相干，究竟有什麼契機讓他做這個行業呢？原來，十多年前，他剛從外商公司出來，待了一家 IT 服務公司，一年就倒閉了。正當谷底時，有位韓國企業家說要建中央廚房做外賣，邀請他成為合夥人。那時外送平臺還沒崛起，恰逢時機，接到韓國媒體記者團 500 份便當的訂單。抓住這個資源和機會，他累積了第一桶金。沒過幾年，他發現做外送贏不了那些知名外送平臺，所以藉助這期間累積的商業地產企業客戶和美食品牌企業資源，快速轉型，開始營運商業地產美食城。

他總結道：「我創業的開始，就是因為有了那個投資人和中央廚房的資源，後來轉型，是因為有商業地產企業和最好的美食品牌等資源。當然，切入一個領域之後該怎麼做，那是我們自己的能力和造化了。」

的確，獨特的資源可以成為一個新領域的入口。但請注意，所謂資源，並不是認識誰就可以，也要看資源的獨特性、可控性。同時，雖然可以透過資源驅動進入，但長期而言，藉助外部資源建構自己的核心競爭力，才是持久可控的。

盤點一下，你現在有什麼資源能夠幫助你切入一個領域？

04 定策略的四個關鍵

驅動三：身分驅動。我是誰，應該創造什麼價值？

某商學院院長陳老師，曾兩度擔任飼料生產集團的總經理，不僅帶領企業轉型，也創造了不俗的成績。但是，她說：「我就是老師，即便出任總經理，我依然保留我的老師身分。」陳老師去企業也好，開粉絲專頁也罷，她的出發點都是基於「老師」這樣的身分去創造價值。

這就是身分驅動。你如何定義自己的身分？是一個設計師？產品創造者？知識傳遞者？抑或是一位媽媽或爸爸？

身分，並不一定局限於職業身分，也可以是性別、族群等。身分，也並非是唯一，更不是一成不變的。每個人都有多重身分。比如，以我自己為例，首先，我定義自己是「企業的諸葛亮」，幫助企業成長，至於諮詢、培訓，還是去企業任職，都是形式和方法而已。其次，我是朝鮮族女性，我想幫助同族群的女性做些事，為此，我也兼任女性協會的理事和副會長，共同做一些公益事業。

所以，從自定義的「身分」出發，你就能看見自己應該做些什麼。

驅動四：信念驅動。我的使命、願景、價值觀是什麼？

順總，今年 72 歲，是我非常敬重的人生導師，她創辦了兩家上市公司。在我 30 歲時，覺得對下一步的發展非常迷茫，去請教她，希望她能為我指一條明路，也想學習她的成功之道。

第二章　定策略：終點就是原點

「您在我這個年紀的時候，在做什麼呀？」

「我在家門口開了一家小藥店，週末去讀藥學課程。」

「那您是如何成為坐擁兩家上市公司的企業家呢？」

「妳也許不信，我自始至終從未想過要賺多少錢或當什麼會長。我一直想，如何幫助人們保持健康。為此，我去讀了醫學博士，就有醫藥公司找我講課，講得不錯，就有人提議建立學習小組，定期分享醫藥知識。就是那個學習小組，日後一起創立了連鎖藥店品牌。連鎖藥店發展得不錯，我又想，能不能預防疾病？於是，就有了保健品公司，趁處於健康的風口上，就上市了。預防有了，但很多疾病依然沒有藥可以醫治，所以我就跑到美國，創辦了新藥開發公司，後來在紐約證券交易所上市。」

我感嘆著繼續追問：「您現在已經退休了，未來想做什麼呢？」

「我剛做了一家健康食品公司，針對癌症患者研發了一種既能補充營養，也能抑制癌細胞的健康食品，未來還會推出適合心血管疾病、肥胖等病症的健康食品。」

我真心佩服，一位70多歲的老人家，能暢談健康產業、大數據、生物醫藥等先進發展，我更感嘆她對人生和生命的理解。在時代和市場的變化下，變的是她的商業模式和產品，但從未改變的就是「為人們健康而服務」的人生使命。

你有沒有想過自己能為這個世界、為他人做些什麼？你期待

5年後的自己是什麼樣子？對你而言，什麼是人生最重要的價值？

到這裡，你會發現決定「做什麼」、「為什麼」的，其實是一個綜合性的選擇。有人從外部機會入手決定做什麼，有人從內心出發決定奔跑，但不管從哪裡出發、做什麼，都是走向終點的一個路徑，是為世界、為他人創造價值的一種承載形式。

■ 策略路徑：向上看，設計發展路徑

有人問，為什麼我也很有目標，也很拚，但發展結果卻並不如人意？

那是因為策略執行時沒有設計好策略路徑。這就好比爬山，目的地定了，信誓旦旦出發，但只拚命奔跑，卻不抬頭看路，選擇了不對的路徑，會繞遠路，走著走著，甚至會懷疑自己為什麼出發，目的地是不是錯了。

人生中，你做的每一份工作、每一件事連接起來，就會成為你的路徑，在這個過程中，相比努力更重要的是，選擇對的事，把事做對。

第一，你做的事是否與策略目標相匹配？

有很多人一年到頭都非常忙碌，但沒忙到重點上。大量的策略失敗，有一半以上的原因，都是因為執行的時候沒有與策略目標相匹配。

娟老師，是我的合作夥伴，經營一家教育顧問公司。結緣娟老師是在某大學的宣講會上，我當時身為 MBA 形象大使，做

第二章　定策略：終點就是原點

了一場演講。那時，她的主營業務是研究所輔導和 MBA 培訓，她邀請我去講課。MBA 學員是各行各業的菁英，我也願意以課會友，所以同意工作之餘幫她。後來我們不僅有合作，也漸漸成為朋友。

有一年，她很開心地說，拿下了承辦某大銀行年會的項目。她發現，做年會活動利潤還不錯。第二年，她連續接了各種團康、客戶活動、年會，只要有活動，她都接來做。可到了第三年，她卻疲憊地來找我說：「做一個活動看起來賺錢，但做很多活動需要團隊和專業設備，成本也提高了。我不僅沒賺錢，還搞得自己很累。而且因為太忙，原本的教育業務都大致處於停滯狀態，妳說我還要繼續做嗎？」

我說：「做或不做，不是眼前賺不賺錢說了算，而是看和妳自己的策略目標是否匹配。如果匹配，沒賺錢也得做，如果不匹配，就算賺錢也要砍掉。妳希望把妳的公司做成什麼樣的公司呢？是教育公司、培訓公司、公關公司，還是什麼？」

她恍然大悟，其實她一直很想做好一家教育培訓企業。老師出身的她，對教育依然懷有情懷，依然有自己的核心競爭力。這個目標並沒有改變，只不過，隨著環境和需求的變化，原有的業務模式並不能滿足成長。我幫助她重新釐清了使命、願景、價值觀，整理出新的課程體系，對商業模式和行銷方式也進行改革。

娟老師大力邀請我成為她的合夥人，還要給股份。聽起來很不錯，甚至我都能看見在這裡自己一年能賺多少錢。但，即使是賺錢的工作，即使和她關係很好，我依然選擇拒絕。因為，對我而言，這件事與我自己的策略目標並不匹配。MBA 培訓既不是我的主賽道，也不是實現職業目標所必需的中繼站。那麼，身為朋友，我可以幫她，但我不能以合夥人的身分，把大量的時間、精力和資源放在那裡。

請你也盤點一下，現在最主要的工作，以及擺在你面前的合作機會是不是直接或間接指向你的策略目標？如果是，請你集中資源和時間、精力去擊穿它，哪怕暫時沒賺錢。如果不是，請你勇敢捨得，學會說不。

因為，策略就是有所為，有所不為。

第二，你的路徑和策略是否能帶來成效？

選擇了「做對的事」，有沒有「把事做對」了呢？

「把事做對」，就是看你的努力有沒有成效。「成效 = 成果 + 效率」，也就是你的路徑和策略是否更有效率地達成期待的成果。

徐博士，曾是美國奇異公司（GE）的高階工程師，2014 年出來創立了環境能源顧問機構，想為環境企業提供技術顧問和併購服務。這固然是他的專業領域，也與使命、願景相匹配。但夢想很美好，現實很骨感。一年後，他發現自己離開 GE 平臺

的光環，一個個拜訪客戶也拿不到專案，公司一度陷入了危機。

第二年，徐博士調整了策略，開始聚焦在國外企業的需求。環境領域裡，國外企業擁有領先的技術和產品，也非常願意進入跨國市場，卻苦於不知道怎麼進。基於這樣的需求，徐博士定位自己的公司為跨境清潔能源技術轉移平臺，聚焦資源，設計了一場戰役，就是主辦國際清潔能源技術轉移與投融資峰會。有別於其他峰會，他在峰會期間安排商務對接，幫助客戶達成專案合作。辦了兩屆後，就成為頗具口碑的品牌峰會。第三年就開始有門票、贊助和廣告收入，不僅實現獲利，更重要的是建立源源不絕的高品質客戶池，幫助他們更有效率地挖掘專案機會。

徐博士能夠打開局面，最關鍵的策略是尋找到正確的客戶群，並從客戶需求出發，採取了以點帶面的有效策略，才能迅速突破。

那麼，請你也想一想，在現在所做的工作上，有沒有掌握一套能讓自己有效率地獲得成果的策略方法？

第三，你的路徑是否讓自己未來更值錢？

過去和現在做對的事，也把事做對了，是不是就順著這個路徑走就對了？

佩佩，是我的大學同學，曾任職於通用汽車（GM）做財務管理。她的前半生看起來真的是「做對的事」，也「把事做對」

了，從全球著名的策略顧問公司埃森哲（Accenture）的諮詢顧問，到通用汽車的亞太區稅務負責人，她的職涯發展是好多人羨慕的路徑。

可在她35歲那一年，她辭職了，和合夥人一起創立了精油護膚品牌。大家無法理解她為什麼放棄光鮮的工作去走更累的路。剛開始前兩年，從產品研發生產遭遇阻力，到合夥人離開，她經歷了種種挑戰。而且不僅沒賺到什麼錢，反而投入了自己200萬的積蓄，為了拿到國際芳療專業認證，還付了不少學費。

第三年開始，新風潮開始興起，小眾品牌也開始在美妝行業裡占有一席之地。經過三年的打磨，她的產品系列已經形成，特別是針對媽媽和寶寶的天然護膚品備受歡迎。佩佩也逐漸建立了成熟的團隊，經營粉絲專業，親自上陣拍短影音，還和美妝部落客合作直播。別人在疫情期間紛紛倒閉，她反而透過直播，銷售成長了30%，還受邀到商學院分享創業案例。

顯然，透過護膚品牌的創業過程，佩佩不僅在財富上從領薪水變為長期的創業收入，更重要的是，讓自己從國外企業模組化的專業管理者，升級為具備綜合、整合能力的創業者。有了這個成長和突破，就算這個項目失敗了，她還會怕失業嗎？

所以，不要選擇最容易的路徑，而是要選擇讓你成長的路徑。不要只看現在「賺不賺錢」，更要看對未來「值不值錢」。

第二章　定策略：終點就是原點

■ 策略執行：向下看，掌控年度計畫

想必工作中，在執行公司策略的時候，你肯定會做年度計畫，但你在自我發展上做過年度計畫嗎？如果有，是不是立下一些 flag，然後就沒有然後了？[02]

如同企業的策略需要實行，我們的發展策略也需要向下具體實踐，那我們用什麼來管控呢？這個方式就是〈年度策略地圖〉。

〈年度策略地圖〉，顧名思義就是整理一年的發展目標和策略的執行計畫。有了這張地圖，你就能掌控這一年的整體布局，幫你釐清下面三個關鍵問題。

- 關鍵目標，明確知道今年要做什麼，達到什麼目的和結果；
- 策略路徑，如何完成這個目標，有哪些策略路徑；
- 資源布局，如何布局資源，包括時間、資金和人。

如圖 2-1 所示，〈年度策略地圖〉以心智圖的形式，層層分解你的策略目標。〈年度策略地圖〉由四層組成，分別是價值層面、目的、目標與策略、投入／產出。

第一層，對你人生重要的價值層面。

〈年度策略地圖〉不僅呈現工作策略，而是人生的發展策略。那麼，對你而言，哪些價值是人生最為重要的呢？

---

[02] 立 flag 是一個網路流行用語，意思是指說一句振奮的話，或立下一個要實現的目標。

```
其他    第一層      第二層   第三層         第四層
        價值層面    目的     目標與策略     投入/產出
```

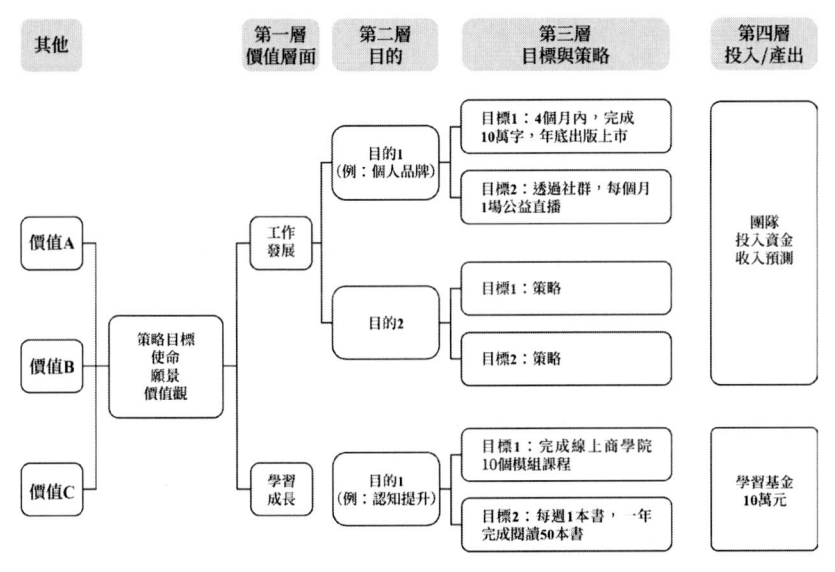

                                  ┌─ 目標1：4個月內，完成
                        ┌─ 目的1 ─┤   10萬字，年底出版上市
                        │ (例：個人品牌)
                 ┌─工作─┤   └─ 目標2：透過社群，每個月
                 │ 發展 │   1場公益直播
價值A   │   │   ┌─ 目標1：策略   團隊
                 │   └─ 目的2 ─┤   投入資金
價值B ─ 策略目標 ┤   └─ 目標2：策略   收入預測
        使命   │
價值C   願景   │   ┌─ 目標1：完成線上商學院
        價值觀   │   ┌─ 目的1 ─┤   10個模組課程
                 └─學習─┤ (例：認知提升)   學習基金
                   成長 │   └─ 目標2：每週1本書，一年 10萬元
                                     完成閱讀50本書

圖 2-1　〈年度策略地圖〉

比如，對我來說，工作發展、健康身體、學習成長、育兒教育、女性公益、感受世界等方面很重要。我就會把這六個價值層面放到〈年度策略地圖〉的第一層，形成六大模組。目的是提醒自己不要忽略了人生長期最重要的價值。

哈佛大學曾訪問即將離世的老人：「這輩子最後悔的事是什麼？」有人回答：「太拚命工作，沒能好好陪家人」，有人回答：「沒好好鍛鍊，失去了健康」、「自己工作太忙，沒重視孩子教育」……等。如果這些對人生如此重要，那為什麼平時沒有放到重要的策略層面上來好好管理呢？

當然，不同發展階段各模組的優先順序和投入度會有所不

同。但列到〈年度策略地圖〉中,就會引起你足夠的重視並付諸行動。比如,我會為自己設定健康運動目標,這件事如果沒有提到必須要做的高度,我可能會因為工作忙而不去行動。

請問你自己,除了工作發展,對你最重要的價值有什麼?

第二層,關鍵目的。

我們借用一下 Google 組織管理中的 OKR(Objectives and Key Results),即目標與關鍵成果法。Google 透過 OKR,快速應對變化,廣泛推動創新,我發現,在自我管理上,也可以使用這種方法。

本書中的 OKR,由「目的」+「關鍵結果」組成。

〈年度策略地圖〉中的第二層,就是要設定 OKR 中的 O,也就是「目的」。請注意,是「目的」,而不是「目標」。

這有什麼差別嗎?目標,就是某些行為所要達成的結果,而目的是其背後做這個行為的真正用意。比如,「4 個月內完成 10 萬字書稿,年底出版上市」是出書的目標,而「建立個人品牌,讓讀者成長」才是出書的目的。

目的確立了,同一個目的下,存在不止一個路徑。比如,以我自己「建立個人品牌」的目的來說,要實現這個目的,我可以上真人實境節目,也可以做線上課程,或者開線下公開課程。所以,在同一個目的下,目標和路徑可以是變化的。

反過來,設定不同目的,目標和行動也會隨之變化。就以

出書來說，如果目的不是「建立個人品牌」而是「快速賺錢」，那目標就是「銷售多少萬冊」，選擇的策略可能是請代筆作家快速寫完，快速讓資金回籠，不付費的活動就不去分享。

釐清目的，其實就是讓我們不忘初心，設定與策略目標相匹配的執行目標。

第三層：關鍵目標與策略。

在〈年度策略地圖〉的第三層，就是OKR中的KR，也就是關鍵結果。

在第二層目的下，設定2～3項實現此目的的關鍵目標，也就是你期待的結果。

首先，「關鍵目標」越具體越好，能量化的盡可能量化。比如，不是「多讀書」，而是「一年閱讀50本書」，這樣具體明確的目標最好。

其次，「關鍵目標」不只是結果，最好還要有策略。例如，你公司今年的銷售目標是500萬元，到底是要透過線上直播、傳統電商，還是以會員社群行銷來實現，這個策略會影響你的資源投入。同理，你個人希望今年達到100萬元的年收入、想閱讀50本書，這些小目標你將透過哪些路徑達成呢？所以，關鍵目標的描述上，你可以採用範本「透過……（策略／路徑），達到……（關鍵結果）」。

最後，「關鍵目標」除了「必須完成的目標」，還可以為自己

設立「挑戰性目標」，跳一跳，能跨越自己。比如「完成最低 30 本書，挑戰 50 本書」。

當然，定目標並不是定死目標，在快速變化的環境中，目標也會發生變化。因此，每個季度可以盤點目標的設定是否合理，每個月追蹤完成情況，動態進行調整。

所以，關鍵目標，是讓自己聚焦資源打下的靶子。

第四層：投入／產出。

目的、目標與策略都有了，就要盤點投入／產出了。

首先，資源的投入。比如，哪些事項是投入時間、精力最多的優先順序最高事項？可以標注五顆星。哪些事項不能自己一個人做，需要找哪些合作夥伴和團隊？需要投入多少資金預算？因為這是年度計畫，不需要特別詳細，只要大概心裡有數就可以。對於某些重要的項目，完全可以單獨拿出來做預算。

其次，收入的盤點。比如，哪些方面可能會有多少收入，預計成長幅度多少。如果你還對收入目標有要求，那可以反推出來，還需要拓展哪些模組和專案，才能完成收入目標。

最後，策略性投資。每年我會留出一定額度的預算，為自己安排學習和旅行，雖然看起來是支出，但對我而言，學習、旅行、孩子的教育，都是一種長期的策略性投資，而不是消費。所以要從收入中提前預留出資金。當然，股票、基金、保險等理財形式的投資也是必要的，這裡強調的是一定要安排有

助於「成長」的投資。

投入／產出，始終要堅持一個原則，就是聚焦資源，投入在人生最重要的核心價值、最為重要的關鍵目標上。

一張〈年度策略地圖〉如一盤統籌布局的棋，你能看到一年之後，甚至多年之後的自己，你知道為此在今年這一局該如何下哪幾步關鍵的棋。整理完〈年度策略地圖〉，再回去觀察你的策略，你就會覺得定策略並沒有原本想像的那麼空泛，也並不是遙遠的不確定的未來，而是今天所能確定的一個一個小目標和行動。

總而言之，定策略，是在「不確定」裡尋找「確定」的過程。定策略的過程，也是一個自我對話的過程，是在「動盪」的世界裡，找到內心的「錨」。因為，內心沒有方向的人，去哪裡都是逃離，對有方向的人而言，去哪裡都是追尋。

還等什麼呢？拿出 A4 紙，畫出你新一年的〈年度策略地圖〉，成為自己人生的策略家吧！

05 重點筆記

◼︎ 定策略

決定每個階段的「原點」和「終點」，並找到連接它們的路徑。

從終點和原點出發，決定做什麼、為什麼、怎麼做。

第二章　定策略：終點就是原點

■ **定好策略的四個視角**

　　定位視角：確定優勢，選擇戰場；

　　計畫視角：要有計畫，更有計謀；

　　能力視角：聚焦資源，擊穿目標；

　　進化視角：自我提升，策略升級。

■ **定策略的四個關鍵**

　　策略選擇：向外看，選好外部機會；

　　策略驅動：向內看，開啟內在驅動；

　　策略路徑：向上看，設計發展路徑；

　　策略執行：向下看，掌控年度計畫。

推薦閱讀

　　［美］理查・魯梅特，《好戰略，壞戰略》，蔣宗強譯，北京，中信出版社，2017。

　　王成，《策略羅盤》，北京，中信出版社，2018。

第三章
練內功：從優勢到專業

專業，就是超級單兵的長矛，可攻可守之武器

優勢，就是聚焦打磨的刀刃，快速翻倍戰鬥力

優勢的起點，不是比別人更厲害，而是自我認知

專業的盡頭，不是更高的技術，而是自我承諾

《孫子兵法》曰：「昔之善戰者，先為不可勝，以待敵之可勝。不可勝在己，可勝在敵。」

言下之意，我們無法掌控外部環境時，首先要做的是讓自己強大起來。假設，你還沒遇到好的機會，還沒定位好方向，甚至可能會遇到黑天鵝[03]，請不要焦慮，你可以用現在手頭上的工作去練好內功，等待機會。

對未來最好的慷慨，就是把一切獻給現在。

如果，你已經有了策略目標，畫出了〈年度策略地圖〉，接下來，當真正實行時，你會發現，雖然列在策略地圖上的事項

---

[03] 黑天鵝：難以預測、小機率但不尋常的事件，通常會引起市場的激烈反應，甚至顛覆。

第三章　練內功：從優勢到專業

都很重要，但不可能所有事情都兼顧得到。時間有限，資源有限，我們該先著重投入到哪裡去呢？或者當你遇到看似不錯的新機會，又該如何取捨呢？

策略大師理查・魯梅特在《好戰略，壞戰略》這部經典之作中說：「策略家必須有深刻的觀察力，能夠找到一個著力點，進而放大精力和資源的集中使用效力。」可以說，好策略，就是辨識那個能夠發揮槓桿作用的支點，捨九取一。

在〈年度策略地圖〉的諸多目標和策略中，我們也要找到那個效用最大的著力點，把有限的時間、精力、資源集中、投入進去。那麼，可以捨九取一的關鍵支點到底是什麼呢？可以捨九取一的，就是能極大化發揮優勢的點，並把它做到超級專業，成為核心競爭力的關鍵支點。這就是超級單兵的「長矛策略」。

01　超級單兵的長矛策略

古希臘世界中，最負盛名的馬其頓方陣被譽為戰無不勝。在馬其頓方陣中，可以看到那些無比強大的超級單兵與傳統的普通士兵是不一樣的。

無論是貴族菁英組成的夥伴騎兵（hetairoi，又譯夥友騎兵、馬其頓禁衛騎兵），還是方陣中的步兵團隊，每個人都配有短則 2 公尺、長則 6～7 公尺的馬其頓長矛。長矛，可近可遠，可上

可下,在馬上還能平衡。善用長矛的超級單兵,單槍匹馬時可以獨立突圍,團隊作戰時還可以掩護相鄰同袍,並配合一起進攻,增加整個軍隊的戰鬥力。

其實從古至今,超級單兵的「長矛策略」無處不在,商場如此,職場也如此。

在經營中,企業可以用「長矛策略」迅速在競爭中脫穎而出。這種策略在產品導向的企業中,也被稱之為「核心商品策略」,意思是與其做很多產品,不如把一個最有優勢的產品做到極致。

最典型的案例就是我們熟悉的蘋果手機,一款機型暢銷全球,一年狂賣 2 億支。在每一款新手機機型中,蘋果也不是把所有功能一下子都做到最好,而是選擇認為最重要的點,比如聚焦在「薄」、「極簡按鍵」等關鍵點上,做到無限接近理想中的完美,讓蘋果迷們為之瘋狂,也讓自身成為顛覆行業的領航者。

這就是「長矛策略」的魅力,快、狠、準,可攻,也可守。

同樣,職場的格鬥場中,超級單兵就像馬其頓方陣中的士兵那樣,不管獨立作戰還是團隊作戰,進攻還是防禦,都需要屬於自己的「長矛」。

專業,就是超級單兵手中的第一根「長矛」。

很多人可能覺得自己有專業。像工程師、律師、會計師,這些有專業資質的職業,的確是有技術的門檻。還有些人覺得自己在某個細分行業裡待了很多年,也算有專業。是的,對一個行

業的理解、對一門技術的精通,的確都是專業本領。過去,這些技術和經驗都是專業的象徵,而且越老越吃香。

可如今,在行動網路、人工智慧時代,這些曾經讓人羨慕的人,開始被機器、被年輕世代所取代。為什麼有專業還會被淘汰呢?這個世界還需不需要專業呢?

02 為什麼有專業還會被淘汰

我曾在 Nokia 和英國培生集團(Pearson)合資的行動網路公司就職,每天和一群程式設計師們一起工作。那時候,我常常需要協調很跩的技術菁英們基於客戶需求做出更好的應用軟體。那時候,Symbian 系統的程式設計師們待遇不低。有時候我還滿羨慕他們有專業技術,覺得那是個硬實力,不用靠關係、看臉色。

老 X,是研發的一位老員工,前半生一直是一名老實的程式設計師,負責研發平臺的維護。他技術不錯,工作腳踏實地,對同事也很和善,於公於私,都是沒什麼進攻性和危害的那種好人。可是有一天,我得知老 X 被列在裁員名單裡了。平時和老 X 關係不錯,我無法理解公司的決定,也替他覺得委屈。他忠心耿耿,技術不差,人品也好,為什麼會被公司拋棄呢?

原來,蘋果手機的崛起,智慧型手機生態發生變化,公司需

要快速開發可相容蘋果 iOS 系統的 App 版本，從而對研發人員能力需求發生改變。而那時時間緊、任務重，無法重新培養，只能換掉一部分 Symbian 系統的程式設計師，最佳化人才結構。看來，裁員老 X 這件事，要怪也只能怪 Symbian 系統贏不了蘋果 iOS 系統。

這就是這個時代的殘酷。

《人工智慧時代》（*Humans Need Not Apply*）一書中描述，人類高速公路的發展，要了很多小動物的命，不幸被壓死的小動物們，沒有感知到兩噸重的汽車從牠們身上呼嘯而過時，就已經死了。同樣的我們，在「資訊高速公路」上將面臨什麼，自己正從事的職業是不是下一個被碾壓的，其實身在裡面的我們，毫無知覺。

過去，會一門技術，那就是一輩子可以靠它吃飯的「專長」。如今，未來已來，世界不是不需要專長，而是需要「未來的專長」。

未來，很多職業的工作內容和能力需求會發生巨大的變化。波士頓顧問公司（Boston Consulting Group）在發表的報告〈取代還是解放：人工智慧對金融業勞動力市場的影響〉中表示，到 2027 年，將有 230 萬金融職位，包括交易員到投行人員，都因人工智慧而被削減，是金融業就業人口的 23%。其他像製造業、服務業更是如此。

第三章　練內功：從優勢到專業

　　未來已至，新的職業應運而生。有一位網紅部落客定居杜拜，38 歲辭職後，他成為航空 geek，乘坐飛機去了 100 多個國家，搭乘過 300 多家航空公司的飛機，飛行 3 萬多英里，成為 120 萬粉絲的航空部落客。在過去，誰會把這樣的行為稱為職業呢？

　　近年增加了很多新職業，包括人工智慧、物聯網、大數據、雲端運算這四大熱門行業相關的工程技術人員，還有數位化管理師、建築資訊模型師、電子競技營運師、無人機駕駛等新職業。很多大學的科系設定，也正在發生變化。

　　即便擁有未來性的科技專業，變化也是很快的。比如，網路公司的工程師，就像老 X 那樣基於舊系統的開發工程師，如果不升級，就會一下子被對新系統、新工具駕輕就熟的工程師所替代。

　　即使努力爬到一定資深的職位，你會發現後面依然還有眾多年輕追兵。公司需要加速奔跑，需要新的活力，人才的血液循環變得越來越快。現在，我到客戶的公司去考察，很多公司已然看不到 35 歲以上的員工。你職位再高，早晚也要挪出位子，這時，你的專業能幫你轉型或獨立生存嗎？

　　當工作本身都可能消失，再高的職位早晚也要離開，你會發現，世界不是不需要專業，而是有一天會不需要你而已，你需要自己尋找到讓自己獨立的、「可遷移」的專業。

02 為什麼有專業還會被淘汰

我一直在想，老 X 真的只是單純被時代打敗嗎？

不！其實不能只怪世界變化太快。當我以管理顧問身分幫企業客戶做內部結構變革和人才發展時，特別是幫一些企業客戶辭退第一、第二、第 N 個老 X 之後，我才明白他們貌似有專業，但實則並不能稱之為「專業」。他們自己，才是被淘汰的真正內因。

在混沌的時代，當團隊結構越來越敏捷，不需要養那麼多員工時，員工所在的企業和客戶對「專業」的期待只會越來越高。我們常說現在賺錢比過去更難，其實不是沒機會，而是專業的人越來越多，要是沒真本領為客戶創造更多價值，那種簡單靠資訊不對稱或搞好關係就能賺錢的時代，已然過去了。

所以，這個時代並不是不需要專業，而是需要「專業的高手」。

20 年資歷的老會計、10 年資歷的 HR，是不是「專業的高手」？未必！因為大部分人其實只是在一個專業領域裡待久了而已。某個領域的基本技能、重複性的經驗，都很容易被替代或淘汰。

那到底什麼才是真正的專業？我們與專業的高手之間又有什麼差距呢？

第三章　練內功：從優勢到專業

03 ▶ 你與專業的距離

我個人非常佩服股神華倫・巴菲特（Warren Buffett）和他的搭檔查理・蒙格（Charlie Munger）先生。他們專注於自己的專業領域──價值投資，在長期的投資生涯中，獲得傲人的成績。更重要的是，他們倆都非常熱愛和享受自己的工作，兩人一直到八、九十歲高齡，還都精神飽滿地工作著。他們兩位無疑是全世界最值得學習的超級單兵。

為此，我曾專程跑到巴菲特常駐的美國小鎮奧馬哈，想一探究竟巴菲特和查理・蒙格在工作、學習、生活中有何與眾不同之處，哪些地方是我們這些普通人也可以學習、借鑑的。在這個過程中，我也更深刻地理解我們與「專業」的差距在哪裡。

差距一：不深挖。我們知道冰山上的技能，高手理解冰山下的底層邏輯。

《蒙格智慧：巴菲特傳奇合夥人的投資人生》一書中，有一則著名物理學家馬克斯・普朗克（Max Planck）與司機的故事。馬克斯・普朗克是量子力學的創始人之一，也是諾貝爾物理學獎得主，他經常到德國各地舉辦講座。有一次，常年跟著他的司機覺得對講座內容瞭如指掌了，就建議普朗克和他互換位子。司機完美無瑕地將講座內容背誦出來，之後一位觀眾席的物理學者站了起來，提出很難的問題。司機機智地說：「慕尼黑

這麼發達的城市，居然有市民提出如此簡單的問題，太讓我吃驚了，就請我的司機來回答吧！」

蒙格常常拿這個故事來說明，如果你沒有真正系統地理解底層邏輯，其實並沒有真正掌握本領，這個領域依然在你的能力範圍之外。工作中，當你對一些事務駕輕就熟時，以為自己已經懂了，實際上你真的懂了嗎？你真的看到這個工作的全貌了嗎？你真的深挖到更深層次了嗎？

知識是更新的，技能是升級的，超級單兵的強大就在於，在變化的現象背後，能夠找到不變的底層邏輯，有人叫它「本質」或「真理」，也有人叫它「悟道」。

差距二：不突破。我們容易在舒適圈打轉，高手主動顛覆升維。

巴菲特和蒙格有個共同特點，非常善於破壞自己最愛的觀念。每年如果沒有破壞一個最愛的觀念，他們就覺得這一年白過了。他們喜歡把人們的觀念和方法比喻為「工具」，其實，任何技能、知識、經驗，都是我們成長的「工具」，如果發現了更好的新工具，那就應該捨得換掉舊工具。

「我在這個行業做多少年了⋯⋯」這樣說的人，通常很容易陷入固執己見中。因為，沒有人喜歡被改變。否定自己的觀念，就感覺意味著失敗。所以，當我們具備了專業知識和豐富經驗，就很容易沒意識到這種認知的傲慢，會在某一天把我們

第三章　練內功：從優勢到專業

推向懸崖。

有人無法突破是因為舒適或自負，有人卻是因為沒有自信。我們在企業結構變革中也常常遇到，很多人認定自己的能力有限。「嗨！我只懂技術，我就當個工程師滿好的。」他們大多有擅長的領域，常常不願意踏出舒適圈。看起來會減少失敗和風險，但長期而言，越是求安穩的人，往往越求不得安穩。

超級單兵的強大在於，堅守專業，不求舒適，勇於迭代，主動升級段位。

差距三：不融會。我們用專業的眼睛看世界，高手用世界的眼睛看專業。

查理．蒙格 35 歲前是律師，認識巴菲特後才真正開始了投資生涯。這樣跨界的他有一個特點，就是「多元思維」。他借用心理學、數學、生物學、經濟學、統計學等不同學科的分析工具，來分析和看待世界。他認為，在萬物互通的世界裡，這多種力量會極大化地放大效應，名曰「Lollapalooza 效應」[04]。

過去從大學到職場，在明確的專業分工之下，只要弄懂自己的專業就可以。每個人很容易陷入「專業的峽谷」，所看到的世界、所得出的觀點，很容易只基於自己專業中的思維習慣。

如今的世界，已然從分工往共生協同的世界發展。所以，在企業裡，一個好的銷售人員也需要懂大數據，好的 HR 也需

---

[04] Lollapalooza 效應是蒙格為那些相互強化並極大化放大彼此效應的因素發明的詞語，是統稱多個互相關聯的同向因素疊加後，產生很強的放大作用的效應。

要懂研發，好的研發也需要懂管理。你想在一個領域內做得專業，還真不是懂某個單一學科知識就夠的。

超級單兵的強大在於開放多元，具有遷移思維，懂得融會貫通。

感嘆著股神的強大，走在秋天的奧馬哈，在市中心的大街上，能聽見落葉踩在腳底的秋日的聲音。我很好奇，在如此安靜的小鎮裡常年待著，老先生竟然沒有被時代淘汰？不！恰恰在這樣安靜的環境裡，才能不被世間喧囂打擾，每天保持閱讀，保持獨立思考。帶著對世界的好奇，融會世界之智慧，練成出類拔萃的超級單兵，書寫著世紀的神話。

曾經，我覺得大神離我好遙遠，我這樣的普通人，達不到那個超級高度。但站在股神家門口的銀杏樹下，我改變了這個自我局限的想法。我不需要和誰比較絕對財富和成就，那是各種要素綜合的、無法複製的結果。但如果借鑑他們已經萃取的世界執行的規律、做事的思維、專業的方法，想必更可以好好摸索出自己人生的正確開啟方式吧！

04 專業的四項修練

奧馬哈之行讓我懂得了「專業」不僅是名詞，更是「形容詞」。
在這個職業、技能、經驗都會失靈的時代，如果你只懂得

第三章 練內功：從優勢到專業

有限的專業技能，那些人工智慧、大數據等技術革命和新玩法，一下子就能革你的命。但如果，你能夠真正理解如何「做專業的事，專業地做事」，技術革命只會成為讓你更加專業的工具。

那麼，如何成為那個真正專業的超級單兵，擁有自己的那根長矛呢？

專業的修練，可以先學會如下四招：

- 修練一：單點切入；
- 修練二：單點擊穿；
- 修練三：單點環繞；
- 修練四：以點帶面。

發現了嗎？個體只有聚焦在單點施力，才可以有機會脫穎而出，如同放大鏡點火原理一樣，「聚焦」才能燃起火花。

■ 修練一，單點切入：始於優勢，終於優勢

試問，你現在的工作是你最擅長的嗎？

27歲那一年，我在英國讀完碩士後準備找工作。即便是已經工作三年再出國的我，依然對下一份工作和未來的職業目標處於迷茫狀態。像我這樣迷茫的人，現在看周圍也是一大堆。還有些人工作十幾年了，也依然如同沒有錨的船，在那些漂泊的歲月中，未能長出真正專業的本領。

那個年代，在海外工作是讓人羨慕的。在全球金融中心的

倫敦裡,那些來來往往的大亨(tycoon)們,西裝革履地穿梭在氣派的玻璃高樓間,看起來一個個都像自帶光芒的星星,風光極了。當時我想,自己程度也不錯,應該去試一下傳說中撒滿銀子的金融行業。於是乎,我前後在倫敦的銀行和彭博集團(Bloomberg)參加培訓和工作。不幸的是,那段時間的工作簡直糟透了。

我非常痛苦,一點都不享受工作的過程。我連自己都無法理解自己為什麼會這樣,英語應該不是我工作的障礙,我在出國前的工作中已經可以獨當一面,但為什麼在金融圈中,覺得翅膀是僵硬的?我安慰自己,以為只是還沒上手,過段時間熟悉業務後,加倍努力補充專業知識應該就沒問題了。

可最終,這段工作並沒有像勵志電影一樣反轉。我還是離開了金融圈,決定回國,且堅決不再去金融圈工作。我一直對那時未能突破自己感到挫敗。直到越發認清自己,才真正與自己和解。當初我只是對那個世界好奇,覺得那是一份風光的光鮮職業,事實上,倫敦金融圈根本不是充分發揮我優勢的最佳地方。

回國後,我進入顧問業。我對企業的洞察力、邏輯思維、演講表達能力和快速學習能力,在這裡都得到充分的發揮,加上想幫企業成長的熱情,工作起來感覺一點就通、如魚得水。某次專案成果匯報後,客戶不僅續簽下一個專案,還指定必須由我負責。合夥人說:「妳這小刀磨得很好呀!我看已經可以升

為合夥人了!」從完全不懂管理的小白,短短六年成為合夥人,這並不是我有多聰明,而是定位了能夠發揮優勢的領域,然後全心地投入而已。

我們往往選擇做世界認為好的工作,卻很少尋找能發揮自己優勢的工作。我們往往窮盡一生的時間來補短,卻很少能夠大大發揮自身的優勢。

優勢,就是單兵最先要定位切入的那個「單點」。

蓋洛普顧問公司(Gallup)歷時 40 年研究「優勢」,其名譽董事長、被譽為「優勢心理學之父」的唐納‧克利夫頓(Donald O. Clifton)則帶領科學家團隊對 1,000 萬人做過考察。據統計,1,000 萬人中就有 700 萬人並沒有機會做自己擅長之事。

當你無法發揮自己的「優勢」時會怎樣呢?在工作上,全身心投入的可能性會降低很多。你會不想上班,容易抱怨公司,產出績效也不高。而當你從「優勢」切入,把優勢發揮到極致時會怎樣呢?你會享受工作本身帶來的快樂,承受過程中的艱辛,也會更容易建立自信,形成正向循環。

球球,是我的前同事,十年前是個做電子書編輯的不起眼小員工。戴著黑框眼鏡,個性也很內向,如果不是年會有同事推薦他跟我一起表演,我從來沒有注意到公司還有這個人。當時我要跳一支舞,為了讓節目看起來更豐富,就請他在臺上現場畫漫畫。那時的他,看起來五年、十年都無法升遷。

04 專業的四項修練

但是，最近我在短影音平臺上看到名為「球球的畫」的短影音很紅。原來，球球發揮了自己畫漫畫的優勢，在平臺上原創的漫畫系列已經擁有 40 萬粉絲，熱門影片能得到好幾十萬個讚，成為萬人喜愛的專業漫畫家，隨之而來的商務合作，也讓他撐起自己的小家。

在這個個體崛起的時代，像把「整理」做到極致的日本收納專家近藤麻理惠等，也都是從自己小小的優勢點切入。或許你可能不像他們那麼紅，但在一個細分領域裡做到極致專業，也可以為自己開拓出不錯的發展之路。

管理大師杜拉克說：「多數人都以為他們知道自己擅長什麼。其實不然⋯⋯然而，一個人要有所作為，只能靠發揮自己的長處⋯⋯」

你真的清楚知道自己的優勢嗎？這裡有必要釐清一下對「優勢」的理解。

第一，優勢不是比別人強，而是理想的你和現實的你之間的交集。

一提到優勢，很容易想到比別人更強的能力。所以，一問起你的優勢是什麼，很多人會沮喪地回答：「我沒有什麼優勢。」

實際上，每個人都是一座寶藏，都具有某些方面的天賦。再加上後期的刻意練習，就能打磨出自己的優勢。優勢的起點，就是「理想自我與現實自我之間的重合」。重合部分越大，

就會越得心應手。優勢也不是靜止不變的,透過不斷學習突破,擴大優勢部分,不斷接近那個理想的自己。

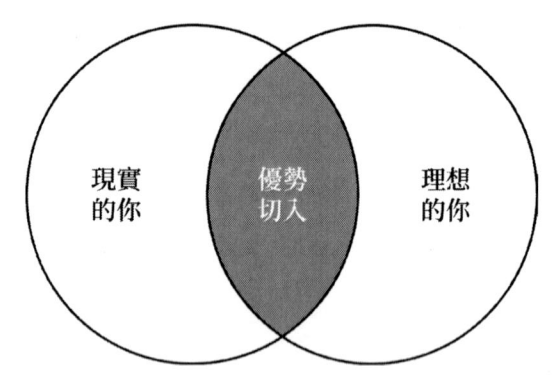

圖 3-1　優勢的起點:理想自我與現實自我之間的重合

當然,鼓勵關注自身優勢,並不是對缺點視而不見。比如,我自己就是擅長大畫面和概念、不太擅長細節的人。而工作中,有時又無法完全避開細節的工作。所以,一方面使用輔助工具來管理,一方面安排擅長細節的人幫我把關,讓整體工作不受影響。所以,缺點也需要適當管理,管理到能夠不造成致命打擊即可。

《現在,發現你的優勢》(Now, Discover Your Strengths)中寫到,生活的真正悲劇並不在於我們每個人都沒有足夠的優勢,而在於我們未能使用擁有的優勢。

第二,優勢不只是專業知識技能,還有冰山下的天賦潛能。

一提到優勢,很容易想到知識、技能,比如財務知識、程

式設計技能等。實際上,這只是冰山上的部分,冰山下的天賦潛能才會對你產生更長期深遠的影響。

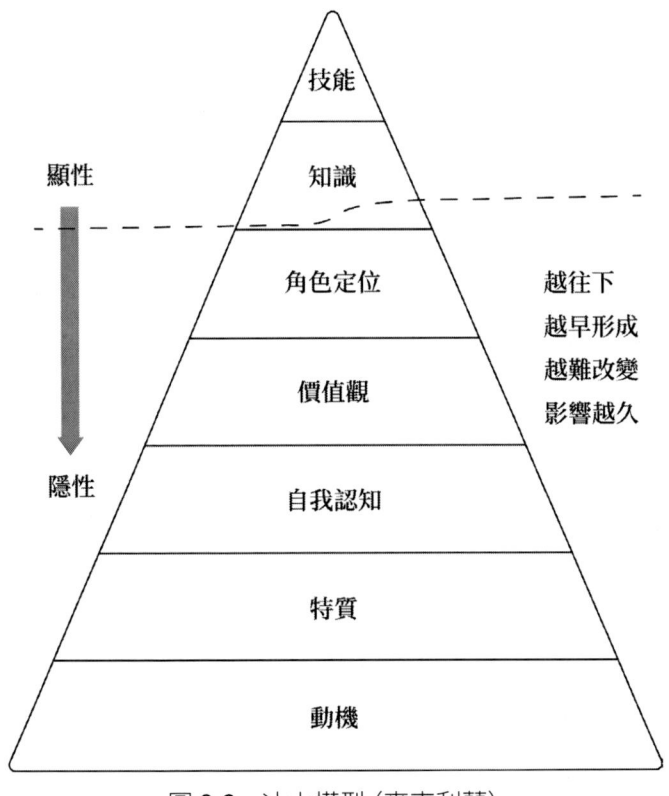

```
                    技能
        顯性        知識
        - - - - - - - - - - - - - -
                   角色定位         越往下
                                    越早形成
                   價值觀           越難改變
                                    影響越久
        隱性       自我認知
                    特質
                    動機
```

圖 3-2　冰山模型（麥克利蘭）

著名心理學家麥克利蘭（David McClelland）的冰山模型中,為我們揭示了從顯性到隱性的 7 個天賦潛能。

・技能:指一個人能完成某項工作或任務所具備的能力,比如,動畫設計能力、寫程式碼能力;

第三章　練內功：從優勢到專業

　　• 知識：指一個人對某特定領域的了解，比如，大數據知識、機械知識；

　　• 角色定位：指一個人對職業的預期，也就是想要做什麼事情，比如，專家、管理者、自由職業者；

　　• 價值觀：一個人對是非、重要性、必要性的價值取向，比如，誠信、自由、合作；

　　• 自我認知：一個人對自己的認知和看法，比如，獨立、自信、樂觀精神；

　　• 特質：一個人持續且穩定的行為特徵，比如，正直、責任感、堅韌；

　　• 動機：一個人內在自然且持續的想法和偏好驅動、引導和決定行為，比如，成就動機、影響動機、關係動機。

　　相比我們能看得見的知識、技能，其實冰山下的天賦潛能才是長期影響你未來做什麼、如何發展的重要層面。而這些天賦潛能越往下越隱性，越不太容易被察覺，而且越往下，越早形成、越難改變，且影響深遠。因此，需要我們自己更深入地洞察自己，發現自己，認識自己。

　　以我自己為例，從知識、技能來說，我可以做的工作滿多的，也曾嘗試過市場公關、外交事務翻譯、商務拓展、董事長助理……等，但我對自己的角色定位就是管理顧問和老師，價值觀中排第一的是「自由」，因此對受控制的工作很排斥。我的自我認知是自信、獨立，特質中有自律、親和力、包容等。我

也是具有「影響動機」的人。這些內在的特質，造就了我在做顧問培訓工作時，可以發揮出我的優勢。當然，自由顧問這個職業未必是唯一的選擇，但至少在選擇去做金融還是做顧問時，我肯定會選擇後者。

某知名煙火設計師曾在訪談中被問道：「您身上最強的能力是什麼？」他答道：「男孩子的浪漫。」你看，甚至男孩子的浪漫都可以成為成就頂尖煙火設計師的重要因素。

照冰山模型盤點一下，你有沒有連自己都未曾關注過的天賦潛能可以發展成為你的優勢呢？

第三，你的特質沒有好壞之分，加以利用也許可以變成優勢。

在社會普遍認知中，對人的特質是有傾向性評判的。比如，內向、不善於溝通是劣勢，缺乏安全感是劣勢，情緒容易焦慮是劣勢。再比如，銷售一定是外向的，HR 一定是有親和力的……等一些固有觀念。但實際上，那些所謂不太好的特質並非一無是處，甚至有時候反而會成為能夠實現某種成就的重要因素之一。

某家跨平臺通訊軟體公司的誕生，就是最好的案例。開發出這個通訊軟體的產品經理，就曾經是一個非常內向、非常不善於溝通的人。他曾在社群媒體中寫道：「這麼多年了，我還在做通訊工具，這讓我相信一個宿命，每一位不善溝通的孩子，都有強大的、幫助別人溝通的內在力量。」他的內向、孤獨、不善於溝通，反而造就了他懂得人們的溝通需求，成就了這個通訊軟體，也成就了他自己。

第三章 練內功：從優勢到專業

這樣的案例比比皆是。某科技公司創辦人因為缺乏安全感，投入巨資做了備胎晶片，才造就了今日的成就；因新冠疫情而走紅的網紅醫生，自曝自己是非常焦慮的人，才讓他成為厲害的感染科醫生。

所以對優勢的認知，是一個探索自我的過程，也是走向獨立自信的過程。

一個以說故事為特色的線上兒童平臺的創辦人說，他小時候是個學渣，連高中都沒考上。但他覺得自己會說故事，說故事就成為其人生的精神支柱。他常常想，我功課沒你厲害，但我會說故事；我踢球沒你厲害，但我會說故事。他坦言，自己萬萬沒想到日後會成為以說故事為職業，並創業的創業者。你看，任何看起來不起眼的優勢，未來都有可能會成為你的專長。

當然，優勢認知並非那麼容易的線性過程，也需要嘗試和試錯。為了減少試錯成本，建議你參考一些專業評估工具來幫助你客觀地認識自己。比如，Holland 職業興趣測試、蓋洛普優勢測驗、MBTI 職業性向測試等。你也可以尋求老師或教練的指點，幫助你看見自己，挖掘連你自己都不知道的潛能和天賦。

但最終，真正懂得自己的還是自己。你需要不斷向自己靈魂拷問，答案的正確與否，其實並不重要，重要的是自己探索到的答案，才會篤定地去投入和堅持。

始於優勢，終於優勢。以優勢切入，會讓你有自信，自信

帶來的篤定，才能讓你專心地長期投入，磨練足夠鋒利的刃，你也就擁有了強大的競爭優勢。

請你準備 5 張 A4 紙，自己進行優勢認知的三個靈魂拷問：

Q1：你認為自己目前的優勢是什麼？請在一張 A4 紙上用圖文畫出來。

寫完一項優勢後，繼續問自己「比這個更具有優勢的是什麼？」

連續問 5 次，最後把 5 項優勢重新排列出先後順序。

Q2：你現在的工作正在極大化地發揮這些優勢嗎？還需要突破什麼？

Q3：如果十年後，你發給理想中的自己一個嘉獎，你會寫一段什麼話？

修練二，單點擊穿：始於現象，終於本質

了解了優勢，就要擊穿它成為高手，那麼成長為專業的高手有沒有捷徑呢？

先說個真實故事。主角是日本一位名叫米田肇的法式料理廚師，原本是空手道運動員。轉行成廚師時，他 25 歲，早已錯過入行的最佳年紀，沒有人看好他的轉行。但他勵志要成為最優秀的米其林廚師，短短一年又五個月，他的法式餐廳就摘得了米其林三星。

第三章　練內功：從優勢到專業

眾所周知，全世界所有米其林三星餐廳加起來也不過 100 多家，神祕而嚴苛的評判標準，讓全世界廚師們望塵莫及。他真的是天才，還是有什麼獨到的方法？

他在自己的書《天才主廚的絕對溫度》中分享到，他從不像其他學徒那樣盲目地記憶知識和練習，而是先摸清楚米其林評價體系中的規律和法式料理的底層理念，這正是他摘取星星的第一步。

首先，他走訪多家米其林三星餐廳，找出它們全部的特徵。找到那個交集的部分，就是三星餐廳的必要條件，剩下的就是每家餐廳的個性部分。他分類、總結出料理品項、餐具、服務等幾大環節中的標準，以及其中蘊含的法式料理理念。

其次，參照最好的標竿學習，找到成功和改進的關鍵要素。比如，他去了很多次巴黎一家叫 Astrance 的米其林三星餐廳，感受三星與二星有什麼微妙差別。他發現，很關鍵的一點就是「極致精確」。無論是調味品的細膩顆粒度，還是慕斯入口即化的感覺，都恰到好處，且每一次幾乎都一樣精準。

然後，把總結的規律運用到自己的實踐中。發現了「精準」這個關鍵點後，他就把「精準」這個點極致地用到自己的料理、餐具、服務上。料理的精準：一個入口即化的鵝肝，烤箱溫度設定 85 度，鵝肝內部溫度達 58 度；餐具的精準：餐廳的桌上，餐具距離誤差小於一毫米，連一粒鹽的大小，都切割為普通鹽塊的四分之一；服務的精準：規定廚師切肉姿勢的角度，服務

動線的標準化。

最後，超越技術，看透本質。成為米其林三星廚師後的米田肇，在 2011 年經歷了日本大地震。他看到災區的慘況，看看自己手中的精緻料理，開始懷疑自己的工作。但是，當災民吃了他做的飯，對他說：「能吃到這麼美味的料理，活著真好！」他終於領悟到，美食的真正意義，是讓人感受到生命的美好。他勵志要做出像「最後的晚餐」那樣美好的料理，也實現了從技術高手到大師的跨越。2018 年，米田肇獲得了「全球最佳主廚」評選亞洲第一名。

我們不禁思考為什麼大多數人無法像米田肇那樣快速提升認知，雖然也努力學習，卻未能快速實現躍遷呢？在 2018 年的《哈佛商業評論》(*Harvard Business Review*) 中，發表了 CBA 成長模型，從中我們就能看出到底在哪個環節上可以提升自己。所謂成長，其實需要通過三關。

第一步，知 (Cognition)，從外界蒐集或輸入的資訊中的認知。如今的資訊碎片繁雜，我們在資訊爆炸的時代，最需要的第一個能力，就是篩選重要資訊，並對其進行分類。為自己的大腦建構抽屜，分類儲存，才是學習的第一步。

第二步，行 (Behavior)，把所學的「知」付諸行動實行。有些人只知道卻沒有行動。有意識地將自己的所學、所知運用到實戰中，也就是學以致用。如果你學到的，無法直接實行於工作，那就建議你以「分享」作為一種實行的方式，也會很有效，

第三章　練內功：從優勢到專業

因為「教」就是最好的學習。

第三步，悟（Awaking），認知得到覺醒和升級。聽了無數堂課，看了無數本書，一份工作重複了很多年，如果你沒有從這些學習和實踐中得到背後的深層感悟，將這些感悟融入自己的知識體系，最終幫助你提升自己的思維，那很難說你真正進步了！因為知識、技能都可能會被時代淘汰，而真正思維上的認知升級，卻能幫助你抵禦未來的未知。

著名的投資家瑞・達利歐（Ray Dalio）在他的暢銷書《原則》（*Principles*）中寫道：「不管我一生中獲得了多大的成功，其主要原因都不是我知道多少事情，而是我知道在無知的情況下，自己應該怎麼做……原則是根本性的真理，它構成了行動的基礎，透過行動讓你實現生命中的願望。」同時，達利歐還在書中鼓勵每個人都要獨立思考，以不同的方式擁有你自己的原則。從達利歐的原則中，我們不難看出他鼓勵每個人都去尋找自己的系統方法論，不斷試錯，不斷突破。

始於現象，終於本質，對世界的深度洞察和持續的認知提升，才是超級單兵擊穿專業的基本能力。

那麼請你問問自己是否在以下三個方面做到了？

Q1：從行業的視角，你所在行業的標竿企業都有哪些做得好的特徵？對你們公司有什麼借鑑意義？

Q2：從職位的視角，你目前的工作（或專案）到底在做什麼，你能把底層邏輯用一張圖簡單說給外人聽嗎？

Q3：對目前所做的事情，從你的思維上，有哪些感悟和提升？

■ 修練三，單點環繞：始於客戶，終於客戶

是什麼會讓其他人給你的評價是「專業」？是你的專業技術水準嗎？

從技術層面上，做到前兩項修練，也就是單點切入並擊穿，你應該可以達到某一個細分領域一定的專業水準。但是，所謂專業，並不是在自己的專業世界裡自嗨，而是始終專注於「客戶」。

想要成為超級單兵，就要把「專業」和「客戶」連接起來。

首先，關注客戶需求及變化，把優勢遷移到未來的專業。

我常常想起那位腳踏實地工作卻被開除的老 X，他其實很專心地做他的技術，某種意義上來說，也有自己的專長。但他就算是獵豹，如果所棲息的草原已發生變化，就再也無棲息之地了。也就是說，如果你的專長再無市場需求，沒有未來的市場，那很容易就會被時代拋棄。

所以，超級單兵需要敏銳地洞察客戶需求的變化，時刻做好動態調整的準備。

如圖 3-3 所示，橫軸是該領域的未來競爭力，縱軸是你自己的競爭力。也就是說，你要問自己，未來一定時期內，你擊穿打

磨的領域會不會有持續的需求？你是否發揮了自己的優勢，將其打磨成自己的核心競爭力？

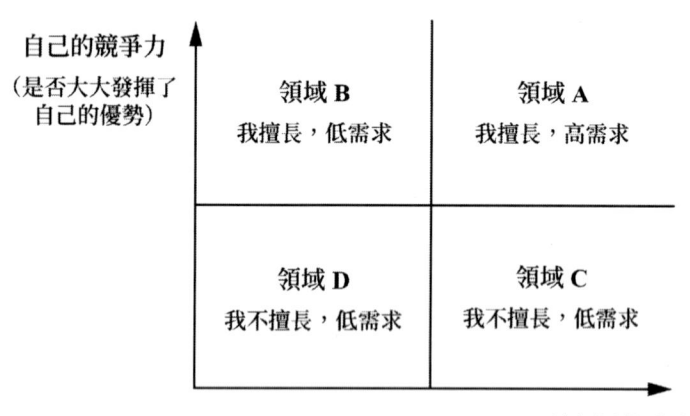

```
自己的競爭力 ▲
(是否大大發揮了  │
 自己的優勢)    │  領域 B          領域 A
              │  我擅長，低需求    我擅長，高需求
              │
              │
              ├─────────────────────────
              │
              │  領域 D          領域 C
              │  我不擅長，低需求  我不擅長，低需求
              │
              └──────────────────────────▶
                              該領域的未來競爭力
                              (是否有一定長時期的需求)
```

圖 3-3　競爭力四象限圖

領域 A，我擅長，高需求。比如，前幾年 C++ 工程師、未來大數據工程師，這些現在或未來需求旺盛的專業，自然起薪也會比較高。

領域 B，我擅長，低需求。需求低意味著沒市場，薪酬自然也不會高。如果堅持要做這樣的領域，就當愛好或副業，而不是職業發展的第一專業領域。

領域 C，我不擅長，高需求。我個人並不推崇在自己不擅長的領域裡盲目跟風，「什麼賺錢就做什麼」不是長期的好選擇。如果真心想做，就要和擅長的人組成團隊，優勢互補，而不是

獨自深耕下去。

領域 D，我不擅長，低需求。這樣的領域當然就不需要浪費時間了。

這個時代的客戶需求也是瞬息萬變的，如果為了專業而專業，不去關注客戶需求，不能交付給客戶滿意的價值，那即便你在這個領域做到爐火純青，在市場趨勢和科技發展面前，仍舊不堪一擊。

其次，交付極致的客戶體驗，建立個人專業品牌。

品牌來自哪裡？來自專業的極致。

先來看一個商業案例來理解什麼是「專業的極致」。日本東京品川有一家叫 SOLCO 的鹽店。這家店真的把「鹽」做到極致。店內有 47 種鹽，恐怕我們大多數人一生都沒見過那麼多種鹽。且每種鹽都裝在非常漂亮的、五顏六色的玻璃瓶中，看起來真的很像奢侈品，讓人愛不釋手。每種鹽都配有詳細說明，這個鹽的原產地、製成工藝、味道、適合烹飪的食物等。甚至店內還可以品嘗一些用不同鹽做出的不同美食。讓客戶不僅是買鹽，還感受到調味的美好。

假設，把你自己視為一家店來經營，為所服務的內、外部客戶提供產品或服務，你是否可以做到如此專業的極致呢？

瑤瑤，是我的前同事，從 PC 時代到行動網路時代，一直在做網路營運。她一點也不漂亮，不花枝招展，也不是那種八面

第三章 練內功：從優勢到專業

玲瓏、很會建立關係的人。但很神奇的是，所有與她一起共事過的同事和客戶，無一例外都對她的工作非常認可。只要是與公司營運相關的事，大老闆就只會找她。上司跳槽，帶著她，幫她加薪，同事創業也拉她一起做，客戶都幫她介紹更好的機會。

我很好奇，一個再普通不過的女孩子，到底有什麼特別的殺手鐧呢？

我發現她圍繞著「營運數據」，為內、外部客戶提供極致的服務。我當時負責商務拓展，常常需要瑤瑤支援、提供相關的營運數據。這本是可以簡單應付的需求，讓系統跑出來就可以，但她的交付就不一樣了。

首先，向她提出的工作需求，向來都回應得非常迅速，不需要催，還照顧到同事的工作。有一次我在家加班過程中緊急需要營運數據，因為系統保密，在家她是調不出數據的。結果，她竟然午夜跑到公司幫我跑數據，以便不影響我的交付，真讓我感動。專業，就是展現在這樣最樸素的責任感中。

其次，每次提出需求，她都會先問清楚目的。其他同事都是需要什麼數據，就在後臺系統跑出來，貼到 EXCEL 表格，再發個郵件就了事。可她會根據你的用途，比如內部研發、研討用的，和拓展合作夥伴所用的數據類型與呈現形式，就會有所不同。她不僅會幫我調出數據，還會加上數據分析。從她那裡，我也學會了如何讓數據說話。

04 專業的四項修練

再次，超預期交付。對我這樣的同事，需要支援的工作，本來期待按時給原始數據就已經很感謝了。結果，她不僅提前交付，而且還會做好圖形化處理，直接插入報告即可，節省不少時間、精力。對於老闆，除了分內工作，還提出營運中發現的問題，她不僅主動提出改善建議，還自己加碼解決問題。對待客戶也是如此，在會議前，即便沒人吩咐，她也會提前幫客戶列印好文件，甚至對那些年長一些的客戶，她會調整字型大小，圈出重點，讓他們可以舒服地看數據。我發現，她總是給其他人「期待值以上」的交付。

有專業的態度、專業的技能、超預期的交付，這樣的同事誰會不愛呢？其實專不專業，不是自認為的技術決定，而是世界對你的滿意度決定。當內、外部客戶都稱讚說：「你真專業！」這時，你已經在職場上建立了個人專業品牌。有了專業品牌，你還擔心找不到工作，還擔心你在就業市場上的價值嗎？

始於客戶，終於客戶。當我們有了發自內心為客戶著想的初心，基於客戶需求，交付專業的服務，相信你的職場始終缺支持你、為你買單的客戶。

你是否做好「專業」與「客戶」的連接了呢？自我檢測一下，並在你日常工作中，從小處行動，開始建立自己的專業品牌吧！

Q1：基於競爭力四象限圖，看看你現在所做的工作是否處於「雙高象限」？如果不是，應該做什麼樣的調整呢？

131

Q2：在你正要交付的任務中，可否找到一個「單點」，做「期待值+1」的交付？

■ 修練四，以點帶面：始於專業，超越專業

當你在某個細分領域裡自認為已經很專業時，提醒自己的時刻也就到了。你的優勢恰恰有可能變成你的枷鎖。

在企業裡，我常看到一些人到了某一層級後，就進入舒適模式。他們往往有自己的專業技能，掌握了職場內的生存之道，領不錯的薪水，舒服地工作。他們也不願意多擔當更高、更多的職責，覺得在自己擅長的領域裡就可以了。你真的可以在一個蓬勃發展的企業裡長期這樣舒服下去嗎？

M公司，是我的顧問客戶，是一家做教育行業IT解決方案的公司。做到兩、三億元規模後，業績始終停滯不前。公司引入策略投資後，需要業績有所突破，決定未來三年要實現兩個突破作為目標。第一個突破，從服務教育行業到智慧城市領域的突破；第二個突破，從當地到全國，乃至國際化的區域突破。為此，我以管理顧問的身分，進駐到M公司做企業結構變革和團隊賦權。

策略目標需要團隊來支撐。想要業務發展，需要團隊的快速成長。為此，在績效管理中採用了一個工具，叫「人才價值座標」，對中階管理者和核心技術人員進行能力牽引和激發。

人才價值座標，可以理解為企業對人才價值的期待和要求。

有了座標，員工可以清楚自己在哪方面需要成長。企業也能看到人才布局的現狀，培養或補充具備所需能力的人才。

以 M 公司專案經理為例，大部分專案經理原本所承擔的功能是「按時、按品質、按合約要求交付專案」。目前，專案經理們對如何交付專案相對駕輕就熟，他們自認為經驗豐富，在這個行業內已經很專業。

但是，基於公司未來的發展目標，對專案經理這個關鍵職位，提出更高的要求。

- 專案交付：按時、按品質、按要求交付專案；
- 流程最佳化：透過流程最佳化，幫助公司控制成本；
- 客情關係：透過提高客戶滿意度，以便挖掘二次需求；
- 人才培養：透過輔導和培養下屬，快速承接新業務；
- 跨區域管理：公司跨區域發展目標，可以跨區管理和指導；
- 市場支持：支持業務部門做顧問式銷售。

基於以上價值座標，將專案經理分為 1～9 級，不同級別的專案經理，給予不同薪酬和獎金標準。

看到價值座標後，有些專案經理開始緊張起來。有些人感慨，本來自認為自己的工作做得不錯，但對照價值座標一看，自己竟然只在第一個層面上交付價值。如果跟不上公司的發展要求，無法再往更上方的價值層面突破，不能為公司創造未來價值，短期影響收入，長期後果可想而知。

第三章　練內功：從優勢到專業

你是否願意突破自己的舒適圈呢？強烈建議你畫一個屬於自己的「人才價值座標」，讓自己的能力一層一層有目標地實現突破。

如果專業是一個支點，那麼，如何基於專業、超越專業呢？

第一，專業的向上精進。

我顧問領域的老師——郭老師，就是在企業教練領域裡不斷精進專業，花了 20 年時間，成為人力資源顧問領域裡的頂尖專家。這時候，企業教練已不再是職業，而是她的生命，是幸福的泉源。

在企業裡，你也可以向上精進，很多公司的人才發展通道會分為專業序列和管理序列，對高級、精密、尖端的技術人才，也會設有「首席科學家」之類的最高榮譽。

其實，對超級單兵而言，所謂頭銜變得沒那麼重要，重要的是不斷向上精進這件事，本身就是一種成就感和幸福感。

第二，專業的平行遷移。

相同的專業可以平行遷移到其他領域或其他行業。

舉個例子，小李是機械工程系畢業，原本在一家傳統工廠工作，後來他把自己的專業轉移到無人機企業。隨著無人機製造的崛起，他也跟著開啟了更廣闊的發展空間。這其實就是競爭力四象限圖中，把自己擅長的優勢遷移到未來專業的過程。

同樣的魚，到不同水池，看到、吃到的會不一樣，水流自然

也會推著魚到更廣闊的大海。

第三，專業的組合創新。

我自己就用過專業組合優勢。我精通韓語，從大學到 MBA，一直研究管理。管理＋外語，會出現什麼組合優勢呢？在韓國的演講市場中，就能具備獨特的競爭力，我是用韓語授課的老師中，最懂中華文化和管理的；在講師裡，韓語說得最好的。

專業組合的方式還有很多種。首先，可以職能組合。「技術＋銷售」，就能成為技術驅動的企業內的銷售冠軍。「業務＋人力資源」，就可以知道做好業務需要什麼樣的人才，容易成為很優秀的人力資源管理者。

其次，也可以行業組合。例如，鍾總原本在零售控股公司任職，後在房地產開發公司工作。「零售業＋房地產行業」的組合，在他做醫藥新零售行業時，竟然派上用場，他的社區資源和快速開店的組合能力，就變成他獨有的核心競爭力。

專業1可以給你第一根長矛，「專業1＋專業2」的協同效應，就能給你別人一時間很難模仿的「長矛競爭力」。這裡要強調，如果專業1和專業2產生不了協同效應，比如，你只是開闢了簡單的、新的副業，多賺一份額外收入而已，那你頂多就是兩個點，很難形成以點帶面的效應。

第四，專業的領導力。

丁總，曾在資訊技術集團發展一路順風，從一開始做技術，

第三章　練內功：從優勢到專業

再到銷售顧問，最後成長為銷售總監。有一次他來找我諮詢，覺得自己這些年一直做管理，沒什麼專業優勢。像他這樣覺得自己沒有專業的管理者其實很多。他們覺得「管理」這個工作，誰坐上那個位子，誰就被賦予權力，並不具有技術壁壘。

其實在很多企業裡，「領導力」是一種匱乏的能力。我在西點軍校學習領導力時，老師就說過：「領導力其實也是天賦，加上系統化的培養和刻意練習，就能成為你自己的競爭力，甚至是一個軍隊的核心競爭力。」所以，西點軍校在招收軍官時，很看重候選人有沒有當過學生會代表或意見領袖。對他們進行系統化的培訓，再派到真正的戰場實踐，透過極限的挑戰，最後才能成為卓越的軍官。

專業，可以為你自己備一把刃，領導力可以給你整個軍隊無數把刃。

經過了四度專業修練，想必你對專業已經有了不一樣的認知。專業，不僅是在細分領域裡的認知和技能，更要透過專心地打磨，專注於客戶，專研突破的方法，最終以專業為支點，撬起更廣闊的世界。

最後，回歸到專業的本源。專業這個詞的詞根「Pro-fess」在西方語言裡的意思是「向上帝的承諾」，意味著對敬業、職業的自我決定和自我承諾。

所以，練內功，始於優勢的自我認知，止於專業的自我承諾。

05 重點筆記

執行策略：捨九取一，是策略執行的第一步；

長矛策略：專業，就是超級單兵的第一根長矛；

優勢，是理想自我與現實自我的交集；

專業，是對敬業、職業的自我決定和自我承諾。

■ 專業的四項修練：

修練一，單點切入：始於優勢，終於優勢；

修練二，單點擊穿：始於現象，終於本質；

修練三，單點環繞：始於客戶，終於客戶；

修練四，以點帶面：始於專業，超越專業。

推薦閱讀

〔日〕大前研一，《專業主義》（*The Professionalism*），裴立傑譯，北京，中信出版社，2015。

〔美〕奧托・夏莫（Otto Scharmer），《U 型理論：感知正在生成的未來》（*Theory U: Leading from the Future as It Emerges*），邱昭良、王慶娟、陳秋佳譯，杭州，浙江人民出版社，2013。

第三章　練內功：從優勢到專業

第四章
快執行:在未知中小步快跑

沒有執行,願景只是空洞的承諾

未來執行,需要混沌中小步快跑

啟程出發,出局看局,卡位未來

快速行動,快中有慢,慢中有道

定好策略、練好內功,接下來就得荷槍實彈做出結果,讓自己吹過的牛——成為現實,這才是王道。可是,你立下的那些 flag 都實現了嗎?

著名管理大師瑞姆‧夏藍(Ram Charan)在《執行》(*Execution: The Discipline of Getting Things Done*)一書中強調執行的重要性:「如果沒有執行力,願景只是一個空洞的承諾⋯⋯」人生也是如此,美好的願景、立下的小目標,都需要腳踏實地做出結果,才能成為贏家。

但,做就好了嗎?大多數人都以為憑藉一腔熱血和腳踏實地,只要努力做,就能成事,其實不然。但凡想進步的人,其實都不缺乏執行的意願,缺乏的是有策略地執行。這也是為什

第四章　快執行：在未知中小步快跑

麼連著名 CEO 都說：「我寧願要三流的策略加一流的執行，也不一定要一流的策略加三流的執行。」

過去，執行上級指令就是一流的執行，而如今，傳統接受指令式的執行模式已無法奏效。因為，我們已經在複雜的「深水區」，前路不明、水流變化，還頻頻出現黑天鵝或灰犀牛[05]，一下子就有可能把你毀滅。

面對如此不確定的環境，甚至你的上司也不知道該怎麼做，過去的成功經驗也不一定正確了。這就需要單兵在資源不足的情況下，自己摸著石頭過河，探索不確定的前路，在變化中求變，在問題中創新，在危機中轉型。這種需要快速適應變化、成本小、風險小的快執行模式，我們把它稱之為「小步快跑」策略。

01　「小步快跑」策略

美國作家埃里克‧萊斯（Eric Ries）在創業暢銷書《精益創業》（*The Lean Startup*）中就提出過「小步快跑」策略，運用在創業、創新和產品研發上，後來成為網路時代大流行的執行策略。

「小步快跑」，指的是當有一個好想法時，不是閉關三年、

---

[05] 灰犀牛：源自古根漢獎得主米歇爾‧渥克（Michele Wucker）的《灰犀牛》（*The Gray Rhino: How to Recognize and Act on the Obvious Dangers We Ignore*）一書，比喻大機率且影響巨大的潛在危機。

01「小步快跑」策略

橫空出世一個驚天動地的成果，而是以最低的成本、最快的速度去嘗試一個哪怕還不夠成熟的東西。然後基於回饋升級迭代，如果好，就繼續做；如果不好，就趕快轉換方向。

「小步快跑」策略，拆解來看有三個含義：

- 「快」，執行速度快；
- 「小步」，小改進，快迭代；
- 「跑」，靈活轉型，或快速撤退。

首先，「快」。速度快、爭取時間、占優勢。

在爭分奪秒的戰爭中，快速搶占先機非常關鍵，有時哪怕只早敵人 5 分鐘，就能改變戰局。

這就是「快」的力量，競爭中占領優勢地位，甚至決定成敗。

但「快」也需要有策略地「快」，不能期待一口氣達到目的地。所以，需要以「小步」策略進行改進、快速迭代。

「二戰」時期，德軍擁有諸多「世界第一」的軍備。但正是在這種自豪感的籠罩下，德國的軍工研發部門總想研究出最頂尖的武器，卻始終未能讓裝備升級。蘇聯不像德國那樣揮霍科學研究資源，讓戰士們先用實用的裝備，再不斷升級。比如，T-34 戰車的口徑最早是 76 毫米，後升級為 85 毫米，戰鬥機也是從雅克 -1 到雅克 -9，再迭代升級到大戰期間最輕盈的雅克 -3，這樣一步步不斷迭代升級。蘇軍的軍備用「小步」迭代的策略，雖然沒有德軍武器那樣驚世駭俗，卻打造出一支強悍的

第四章　快執行：在未知中小步快跑

大軍，最終一雪前恥，揮師柏林。

這就是以「小步」快速迭代、養精蓄銳的力量。

最後，就是「跑」。「跑」，不僅意味著往前衝，也意味著撤退。

「跑」的意義就是在面臨強敵時，「往前跑」靈活地甩開對手，「往後跑」保留實力，擇機反攻。

將「小步＋快＋跑」組合起來的「小步快跑」策略，在現代商業戰爭中也屢見不鮮。

於 2010 年成立，2018 年上市的某知名科技零售網路公司，業務涉及餐飲、生活服務、金融、旅行、住宿等諸多領域。其涉足的每個領域其實都有大企業競爭，但神奇的是，它一次又一次打入競爭激烈的新賽道，竟然都能維持行業前三。

它是怎麼做到的呢？

首先，它常設一個創新業務部，平日就像雷達一樣掃描市場趨勢，一發現機會，就會先邁出一小步嘗試。一旦卡到位，就快速滲透，這就是往前快跑，讓對手措手不及。

當然，它不僅擅長「快進攻」，也擅長「快撤退」。從團購大戰到外送，期間它也適時砍掉了上百個試水溫項目。這就是「小步快跑」的優勢，以小成本快速試錯、快速調整，如果不行，就快速撤退。

小步嘗試、快速滲透、快速調整，不行就快速撤退，用這個策略，它在所有人都認為沒有機會的網路江湖裡，殺出一條

01「小步快跑」策略

血路。當然,它的機遇不可複製,但其策略值得我們學習。

透過軍事和商業中的應用,我們理解了「小步快跑」策略及其威力。同樣,個體的工作和發展,也完全可以啟用「小步快跑」的快執行模式。

開發新產品,先快速開發最小可行性產品,基於使用者回饋,快速迭代;

轉換新職位,先從小專案開始做出小成績,再進一步擴大績效戰果;

推動企業變革,先從一個小流程或小部門試點,再推廣到全公司;

創業新模式,先切入一個小市場,如果模式行得通,再加大投入。

「小步快跑」的快執行模式,單兵在有限的資源下做出小成績,在所在企業或客戶中累積信任,並透過快速迭代提高競爭力。就算失敗,成本也是可控的。

總而言之,「小步快跑」策略,是從「小單元」切入,透過「快行動、快迭代、快撤退」的方式,更高效能、更低成本、更有效地逼近目標。

這,既是這個快時代的生存之道,也是不確定未來的發展之道。

第四章　快執行：在未知中小步快跑

02　為什麼「小步快跑」不簡單

「小步快跑」策略並不難理解，但真跑起來，可沒那麼簡單。包括我自己在內的很多人，雖然也試圖小步快跑，但很容易遭遇滑鐵盧，甚至成為職場烈士。那麼，小步快跑到底難在哪裡？也在小步快跑的你，真的跑對了嗎？

先讓我們看看為什麼有時做不到小步快跑？因為內心有三個「見不得」。

第一，見不得不完美，想一步到位。

小果是我曾經的助理顧問。我發現她每次交付報告，不到最後的最後，不會交出來，甚至有時還會超時，這常造成最後報告整合的壓力。剛開始，我還以為這是拖延的工作習慣，但後來她告訴我，是因為無法接受自己交出不完善的報告，生怕被上司認為不夠格，才一直忍著，改到最後才交出來。

對自己要求高固然不是壞事，但像小果這樣，到最後時刻，提交後才發現問題，有時還要全部重做，就會更加麻煩。我告訴她，先溝通好思路後，她可以先快速做出哪怕不完美的草案，一起反覆討論、更新版本，就能避免不必要的重新修復過程。

很多時候，想一步到位就是邁不開小步的最大阻力。請你接納不完美，不要過度在意別人對你不完美的評價，一切完美都是從不完美最佳化出來的。

第二，見不得失敗，以執著為榮。

朱總，是我的客戶，六年前如火如荼地做起特色小鎮開發專案。剛開始第一小步邁出去還算順利，藉著國家鼓勵特色小鎮建設的政策，很快申請到了初期專案經費。這讓他堅信這個專案一定會成功。

但是，真正開始跑起來卻不順利，先是開發方案未能得到當地政府的支持，好不容易說服領導者，卻又遭到大資金方的反悔。總之，到現在他已經丟進去好幾百萬的自有資金，還支出團隊的各種成本，但專案卻遲遲沒有進展。我們判斷政策紅利期已過，且內部資源和團隊能力無法繼續支撐這個專案，但他始終想證明自己是對的，認為執著才會成功，所以陷入債務的無底洞裡，還不肯放手。

執著固然是好特質，但撤退也是一種勇氣。一小步的勝利並不代表全程會一直勝利，在邁出每個下一步時，我們都要時時刻刻準備撤退，做好失敗的準備。

第三，見不得慢，急切地想成功。

我自己曾經就是這樣急切想成功的案例。曾有個顧問專案，客戶 R 公司邀請顧問團隊做企業結構變革。那時候的我非常急切地想做出標竿案例。

到公司考察診斷一週，我就快速行動，三天內洋洋灑灑寫了幾十頁漂亮的 PPT，新的部門調整方案就這樣交到老闆手上。

第四章　快執行：在未知中小步快跑

　　我滿心期待老闆為我的表現給予肯定，可他卻很客氣地說：「辛苦了，我先看看再討論。」然後，就沒有然後了。很長一段時間，我連老闆的面都沒見到，顯然這個方案被晾在那裡，未能通過。

　　後來，經過很多輪的研討、無數個版本的修改，方案相比最早的設計，已是面目全非。接下來，我想把新的方案傳達給部門管理者，希望他們配合實行新的機制。可一方面，大家業務忙得四腳朝天，無暇顧及；另一方面，變革總會為一些人帶來壓力，遭到強烈反對。到現在我都依然記得，一位強勢的副總在會議上直接拍桌對我說：「不好意思，我那邊有業務上的急事，我們這個會議能結束了嗎？」

　　那天，我真的懷疑自己的專業，甚至懷疑人生。在企業內負面情緒的蔓延下，這場變革計畫只好被暫停，我想要的標竿案例成了失敗案例。

　　我鬱悶地在操場一圈一圈不停地跑啊跑，滿腦子都是問號，為什麼我那麼強烈地想做好這個專案，快速行動、做了很有信心的方案，也想從小範圍開始快速推動實行，卻慘遭失敗呢？難道僅僅是因為我自己操之過急的心態嗎？我發現「小步快跑」策略的成功，其實不僅需要平和的心態，還需要正確的跑法。如果未能用正確的跑法，很可能出現跑得越快、死得越快的結局。我在一圈一圈的跑步中，對 R 專案一遍一遍地復盤，總結出四個教訓。

02 為什麼「小步快跑」不簡單

首先，沒熱身就開跑。

到新部門或開拓新專案，常出現新官上任三把火的現象，但第一步應該要做的不是急著立大功，或變革這種大動作，而是先做好熱身準備工作。

就當時的我而言，只做了一週的考察，怎能了解公司全貌呢？比如，我未能掌握沒有顯示在企業架構裡的關係網，也不知道我這個方案誰最有可能反對，單憑老闆支持就往前衝，只能被打一輪就敗下陣來。

所以，先從小動作開始熱身，對企業、對專案有更深的理解後，找到小的突破口，立下一些小功，獲得同事和老闆的信任，這時再快速跑起來，就容易很多。

其次，跑錯方向。

我在之前的作品《學得會的老闆思維》中說過，職場中「你交付的結果」和「老闆的期待」之間有很多不對稱。往往我們只顧著快速跑，卻沒弄清楚方向。

在我的第一方案被晾很久後，經過研討出爐最後版本時，我才意識到自認為專業的方案，其實只是基於我自己的視角。我並沒有真正以客戶為中心，領會公司的策略意圖。做方案的過程中，我也沒有和公司上下深度溝通，並不了解他們關注什麼、顧慮什麼、期待什麼。這也是為什麼一開始方案未能通過的原因。

第四章　快執行：在未知中小步快跑

所以，執行的方向要與策略方向相匹配，基於客戶需求與老闆期待的方向，才是你要快執行的方向。

再次，沒拉著團隊一起跑。

80％以上的執行失敗，並不是方案本身的問題，而是團隊和資源的支持問題。

當時我一味地想快點拿到老闆的尚方寶劍，卻忽略了一開始就應該將關鍵人員納入重要的研討會中。我並沒有聽取他們的訴求和顧慮，而是直接開始推行。如果利用前期的研討，讓他們充分理解為什麼要做變革，對他們自己和對公司有什麼價值，獲得認同和支持，後面就不會出現尷尬衝突那一幕。

做任何事，甚至你是自由職業，也需要團隊合作。所以，千萬不要自己小步快跑就結束，而是要把團隊，甚至客戶拉進來一起跑。拉著團隊一起共創，達成共識，就能更容易獲得支持和更多資源，方案就能更加順利地執行。

最後，核心肌肉沒練好就快跑。

「速度」固然重要，但在自己的核心肌肉並不強大時快跑，是會有風險的。

當時我急於求成，在自己的專業內功還沒練好的情況下，僅憑一腔熱血，就開始操刀企業結構變革。就新的方案而言，在還沒形成可以支撐執行的團隊力量時，我就貿然建議一步推行到位。當方案的推行遇到阻力時，根本沒有核心的專業能力

和團隊力量能支撐及掩護我往前衝。

經過對失敗的復盤，我開始理解「天下武功，唯快不破」其實還有下半句，「以慢打快，以柔克剛」，也就是快中有慢，慢中有快。所以，想要執行快，必先謀定而後動。想要執行好，先做好與人的溝通，剛柔並濟才能運籌帷幄。

所以，只有真正理解了「小步快跑」的用意，放下完美、接納失敗、不急不躁，掌握正確的跑法，這時候打開快執行模式，才不會踩到地雷。

03　未知中起跑的三個出發點

如果說，正確的心態、正確的跑法可以幫你開啟小步快跑，避免受傷，甚至過早地犧牲，那麼，超級單兵真正的「超級」，在於混沌中自己探索和設計路徑，創造性地解決問題，而不是簡單執行指令的傳統執行模式。

在混沌中如何探索出更好的小步快跑路徑呢？這就要從三個出發點開始。

出發點一：出局看局，跳出自身半徑。

平日裡，我喜歡和一些高人下圍棋，人生如棋，棋如人生。超級單兵與一般單兵的不同就在於，他不僅僅只看棋盤上的一顆棋，更會縱覽全局去下每一步。

第四章　快執行：在未知中小步快跑

想要縱覽全局，起跑的第一步絕不是「跳進去」，而是「跳出來」，出局看局。

丁經理，是一家晶片設計公司的大客戶銷售人員。三年前，我以管理顧問的身分，幫助其公司制定年度經營目標和執行計畫。公司此前主要服務於家用電器公司，但隨著家電商品毛利下降，他們的獲利空間也在縮水。公司希望轉型到具有成長潛力的新能源充電樁行業，逐步退出家電市場。基於這個策略意圖，我們也對績效目標和激勵政策做出相應調整，期待能刺激業務部門快速開拓新的充電樁行業大客戶。

一個月後，在每月定期的目標推動會議上，丁經理情緒很不好。原來，她透過一週三次的勤奮拜訪，好不容易挖到了一個客戶訂單。她在會上提出兩個不滿：首先，抱怨公司支援力道不夠，技術也不配合，自己一個人搞不定客戶；其次，抱怨銷售激勵政策不合理，憑什麼同樣額度的訂單，家電專案的分紅獎金比例就比較少？

這就是只看到自己那一顆「棋」，沒看到「局」的單兵。花一個月時間拿下 200 萬元家電專案的訂單固然不是壞事，但對公司整體大局而言，對開拓充電樁行業的策略目標，是毫無幫助的。甚至，如果幫她配更多技術支援，可以視為是人力資源的一種浪費。同樣一個月的時間成本，丁經理應該集中精力攻克充電樁行業的山頭，這樣公司肯定會給她更多資源和支持。

03 未知中起跑的三個出發點

所以，當你開始跳進去快跑之前，先跳出來，至少想清楚下面三個問題：

・對某件事開啟快執行模式時，執行的初心或目的是什麼？

・你所要執行的策略路徑，是否與企業和客戶的策略意圖相匹配？

・當你開始小步快跑時，需要哪些關鍵人物和資源的支持？

出發點二：卡位未來，延伸一步。

高手走一步棋時，都會想清楚下一步，甚至後三步。進攻時，有策略地透過「棋」形成「局」，形成「勢」，被進攻時，多布幾個眼，多活幾口氣。

職場也是如此，誰能更早看清未來三步，誰就可以儘早布局。最好的銷售人員能看見 1 年的業績，管理者至少要看得見 2～3 年，卓越的領導者能看見 10～20 年。如果你無法看那麼遠也沒關係，先從刻意練習延伸「下一步」開始。

什麼是延伸「下一步」？舉個例子，購物網站上什麼都能買，甚至輪胎。某購物平臺的營運負責人就想，有多少使用者買輪胎後是自己裝或換的呢？大部分其實不會自己換輪胎，所以，買輪胎後基本上都會去找汽車修理廠更換。網路上買的輪胎送到公司或家中，其實都是非常麻煩的事情。

基於此，購物平臺的營運團隊延伸多想了一步，就是集合線下汽車服務廠的位置，讓使用者在網路上買輪胎時，可以選

第四章　快執行：在未知中小步快跑

擇就近的汽車服務廠，不僅可以送貨到那裡，還能提前預約換輪胎服務。多考量使用者需要什麼、有什麼不方便，調整的營運方案，既提高了使用者滿意度，也方便了物流安排。

其實，卡位未來並不是想多麼遙遠的事，就是從對方的視角多往前想一步。

你可以先從下面「正、負」兩個方向切入，嘗試延伸想一步：

・正：從對方（使用者或老闆）的視角，下一步還有什麼需求？如何解決？

・負：有沒有提前要防範的風險要素，需要什麼措施防範？

出發點三：落子無悔，敢做不完美的決定。

「小步快跑」的過程中，我們會遇到大大小小的分岔路，需要你做出決定。當你出發的時候，就要勇於做決定，落子無悔，承擔後果。

一位網路服務集團的執行長分享自己職業轉型經歷中的體會。他曾是很優秀的財務管理者，後來轉到業務時，很多人問他做財務和做業務最大的不同是什麼？他回答：「最大的不同是你要敢做不完美的決定。」他強調，往前衝、打開一條血路需要快速敏捷，接納犯錯，甚至承受損失。這也是為什麼 CFO（財務長）很難當 CEO 的原因。

我很認同他說的一段話：「地球是圓的，堅持到最後，往東了，只要你還活著，就是往西。最怕來回瞎忙，最消耗、最沒

有成果，而且最讓團隊崩潰。產業終局一定不是一段路可以走到的，我的工作就是在產業終局和現在之間，找到一條歪歪斜斜的路⋯⋯」

的確如此，人們總想找到那個最完美的決定，想求最快的捷徑。但現實中，雖然直線是點到點之間最短的路線，但這個世界上的大部分事情，從開始到結束，更常呈曲線狀。所以，接納曲線才能有底氣落子無悔。

總而言之，超級單兵從「出局看局、卡位未來、落子無悔」的視角和原則出發，就能更加全面地思索問題、面向客戶和制定未來執行策略，更勇敢地做出決策，並快速行動。

04 快執行的四個行動節點

人是靠行動獲得結果的。所有願景、目標、策略，最終都要落到一步步的行動上。快執行最終是否有好結果，也要看行動是否快速和有效。

不同職位、不同專案的具體行動一定會不一樣，但行動流程大同小異。你可以按照如下四個關鍵的行動節點，一步步推動自己的行動。

- 行動節點一：角色認知；
- 行動節點二：創造任務；

第四章　快執行：在未知中小步快跑

- 行動節點三：設計路徑；
- 行動節點四：資源支持。

◼ 行動節點一：角色認知，釐清擔當什麼角色職能

在工作中，你有沒有過「做少也不對，做多也不對」，不知道應該做什麼才是對的境遇？這就是因為角色不明確導致的。

在未來，越來越敏捷的團隊協同形態下，一個單兵的角色，在不同行動中有可能是不一樣的。你可能在 A 專案中是領導者，在 B 專案中是顧問，在 C 專案中是支持者。

所以，在「動」之前，最好第一步先釐清自己在行動中需要扮演的角色。那麼，想要成為超級單兵，都要承擔哪些角色職能呢？

第一，方案的設計者。

你有沒有覺得自己參與設計的方案，執行起來更有意願，也更加順手？所以，超級單兵就應該主動擔當方案設計師的角色。

著名投資人達利歐在《原則》一書中，鼓勵大家把自己想像成一部大機器裡運轉的小機器，並明白你有能力改變你的機器，以實現更好的結果。他說：「對人來說、最難做的事情之一，是客觀地在自身所處環境（即機器）中看待自身，從而成為機器的設計者和管理者。大多數人一直把自己視為機器中的工作者。如果你能夠看到這兩種角色之間的差別，並且看到成為自身生活的良好設計者與管理者比成為機器中的工作者重要得多，你

04 快執行的四個行動節點

就走到了正確的道路上。」

超級單兵就是主動設計工作的人。如果照方案去執行,頂多是初級執行。如果根據目標,主動快速地設計方案去執行,那更勝一籌。而真正的高手,是在自己的領域內,主動考量大局,提前發現問題,並設計出好方案去解決問題。

當然,如果你本身就是在領導者職位,就需要統籌行動方案的設計;如果你只是團隊成員,至少要承擔「參謀」的角色,主動貢獻自己的好想法。

第二,**業務的推動者**。

在自己的工作領域,超級單兵肯定要擔當專業的業務推動者角色。但你有沒有遇過自己所謂專業的工作,卻不被老闆或客戶認可的情況呢?

小顧,就是這樣一個專業的人力資源專員。我們因顧問專案結緣,也因她的專業和上進,身為顧問的我,曾推薦她晉升。後來,晉升為人力資源經理的她,為了擔任好這個角色,自費去參加人力資源管理培訓,學到了一套專業的人力資源管理工具。她很想在自己公司推行這個工具。可是,這個作法竟然被老闆批評了。她很不理解地問我:「為什麼我用專業的管理工具,卻被老闆罵呢?」

因為,專不專業不重要,能不能推動業務才重要。這裡指的「業務」,除了你的職位專業領域的業務,更重要的是公司整體的

155

第四章　快執行：在未知中小步快跑

業務績效。

不是只有銷售才涉及業務，人力資源、財務以及任何職能職位，都應該從「業務視角」去推動自己的工作。比如，HR做一套人才特質模型，並不是要突顯多專業、專業得甚至讓人看不懂，而是實實在在轉化為挖掘高階管理人員的應徵標準，幫公司節省獵才仲介費，轉化為能力培訓，直擊業績目標的達成。所以，我常常和一些HR說：「不以推動業務為導向的人力資源管理，都是性騷擾。」

所以，在行動中，不管你是領導者還是團隊成員，你都要成為一個能夠從「業務視角」跑出結果的業務推動者。

第三，團隊的共建者。

不管做什麼，超級單兵都不是一個人快跑。承擔團隊中的角色，你需要思考的就不僅僅是自己分內的工作內容和業績，還要考量他人的訴求。

- 如何讓團隊（或客戶）願意和你一起跑？他們需要什麼？
- 如何幫助他們出色地完成他們的工作業績？
- 我自己在團隊中透過什麼工作貢獻什麼價值？

如果你不考慮團隊中的角色，再優秀也不容易獲得資源，更沒有人願意支持你。沒有協同的力量，僅憑自己，或許可以跑得快，但卻跑不遠、跑不久。

所以，如果你是領導者，就成為大家的領跑者；如果你是

團隊成員，就成為更好的陪跑員，從「團隊視角」思量你應該做什麼吧！

第四，環境的營造者。

你有沒有見過那種團隊裡的開心果或意見領袖，人見人愛，很會營造氣氛？又或者，你的上司中，有沒有那種特別能激勵大家工作的領導者？他們都是環境的營造者。

川，就是一個很有趣的環境營造者。剛認識時，他是客戶公司的銷售人員。他很風趣、愛運動、講義氣，很受兄弟們喜愛。川一路升到銷售總監，雖然公司的銷售分紅獎金與競爭對手相比沒什麼競爭力，但奇怪的是，他的團隊核心成員寧願少賺錢也不願離開。我問團隊為什麼，他們說：「除了賺錢，開心工作也很重要，我們覺得在川總的團隊裡很快樂，他可以和我們一起玩，也能激勵我們成長。」

所以，快樂向上的環境營造者也能得人心、創業績。

理解了方案設計者、業務推動者、團隊共建者、環境營造者這四個角色，你看看自己現在擔當什麼角色，又應該是什麼角色？

在很多事情上，我們不是單純扮演一個角色，而是需要擔當多重的組合角色，甚至有時要同時擔當這四個角色。重要的是，你知道在接下來的行動中，自己是什麼角色、擔當什麼職能，就能清楚知道應該做什麼、不該做什麼。

第四章　快執行：在未知中小步快跑

■ 行動節點二：創造任務，解決期望與現狀的差距

清楚了角色認知，接下來就要確定關鍵任務了。請注意，有些任務指令並不是真正的任務，那什麼才是「真正的任務」呢？

接到任務指令時，你需要釐清兩個問題：

第一，你要執行的任務指令，是你要完成的真正任務嗎？

比如，身為程式設計師的你，接到「請修改 App 的某一項功能」的要求，這個任務是為了解決使用者投訴，還是做產品迭代呢？最終到底改成什麼樣的功能呢？

再比如，身為人力資源主管的你，接到「請做個裁員方案」的任務，這個指令是因為公司想要降低成本而裁員，還是為了業務轉型而團隊結構最佳化呢？公司真的需要裁員嗎？是不是除了裁員，還有其他解決方案呢？

發現了嗎？其實一個執行指令發布下來，當不知道任務真正的動機和期望時，有可能你鎖定的任務目標根本就不對，會導致做出來的結果未必讓人滿意。

所以，接到任何需求、任何指令時，首先要做的動作並不是馬上按自己的理解行動，而是清楚了解動機和期望，鎖定真正的目標，再針對性地執行任務。

第二，沒人給你任務指令，你有沒有主動創造你的目標任務？

一家資訊類網路平臺創辦人曾分享過，他們公司的管理方

04 快執行的四個行動節點

式和傳統方式不一樣。他們會盡可能把公司的目標和現狀共享給員工,然後讓每個人主動去想:「我做什麼能夠有助於公司實現目標?」所以,公司員工的工作目標並不是透過層層分解下達,而是自己設定自己的目標,基於這個目標,決定相應的工作任務。

在這樣的團隊裡,幾乎沒有人會給你特別明確的指令,來一一告訴你今天該做什麼,明天該做什麼。老闆很可能只會告訴你大方向,最多和你一起對目標達成共識,所以你需要主動創造自己的工作任務。

那該如何創造自己真正的目標任務呢?

著名績效改進專家格蘭特和莫斯利的客戶導向績效分析模型,可以幫助我們找到思路,如圖 4-1 所示。

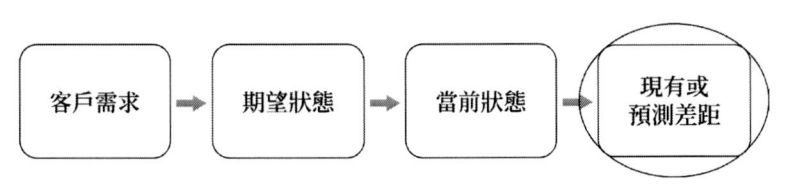

客戶需求 → 期望狀態 → 當前狀態 → 現有或預測差距

圖 4-1　格蘭特和莫斯利的客戶導向績效分析模型

目標任務,源頭應該來自於「客戶需求」。這裡指的「客戶」,是泛指的對象,你所服務的客戶、對你下達目標的老闆、需要你支援的同事,他們要麼是你的外部客戶,要麼是內部客戶,只要是你要交付結果的對象,都泛稱為「客戶」。

基於客戶需求,找到期望狀態,與當前狀態進行比較,找

到現有或預期的差距。解決期望與現狀之間的差距,就是你的目標,有了目標,就能建立你的任務。

比如,顧客覺得當前「叫車不方便、也很貴」,那麼「期待更便捷、更便宜的出行」就是期望狀態。這之間的差距就能創造出一種需求,可不可以在手機上隨時隨地呼叫計程車。這就是叫車平臺產品經理最初的目標任務。

如今很多產品和服務已不再停留在滿足客戶的基本需求,因為隨著客戶的成長和變化,客戶需求也在不斷變化和升級。這也是為什麼我們不僅要找到那些引發客戶抱怨的「痛點」,還要找到「更好」體驗的解決方案,這樣才能讓客戶「從普通滿意到超級滿意」。

假如,期望狀態過高,與當前狀態的差距過大,無法一下子達成怎麼辦?

這裡借用「三條線」績效管理曲線來看如何確定和管理期望。集團在與員工共同設定績效目標時,老闆通常會看三條曲線。第一條是期望線,第二條是現狀線,第三條是目標線,介於期望線與現狀線之間。

參考這三條績效管理曲線,我們也可以設定自己人生或工作的三條線。在自己設定目標線時,還可以再追加設定兩條線,基礎目標和挑戰目標,並透過「小步快跑」策略,快速拉升自我目標線,無限接近期望線,如圖 4-2 所示。

04 快執行的四個行動節點

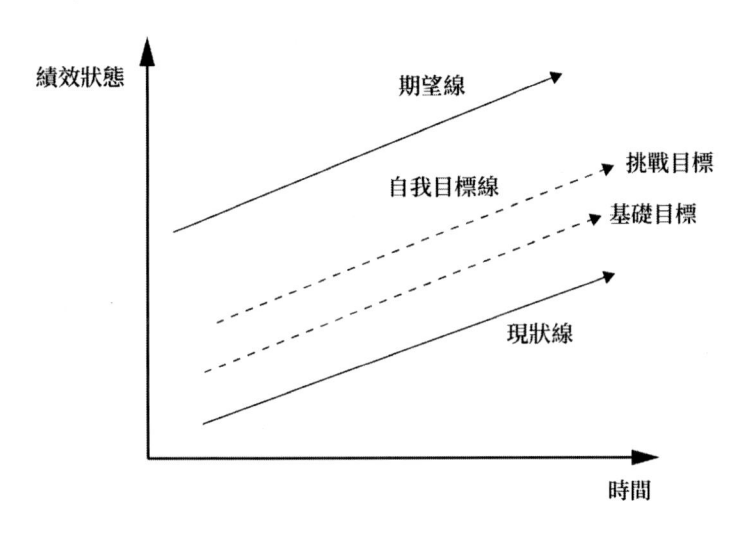

圖 4-2　績效管理曲線

　　再進一步，隨著目標線不斷拉高，還需要建立新的「期望線」。比如，顧客以前沒有智慧型手機也不覺得不方便，即便出現了智慧型手機，也從未期望過一臺手機還能沒有按鍵、自主下載 App、可以行動支付。但這些都是蘋果公司自己不斷拉高對自己的期望線，不斷對自己提出需求，做出了改變世界的智慧型手機。

　　每個人的工作也一樣，沒有人會直接告訴你明確的需求和期望，只有你自己快速洞察、快速鎖定真正的目標任務和目標線，才有可能做出超出預期的成果。

第四章　快執行：在未知中小步快跑

■ 行動節點三：設計路徑，與自己和世界腦力激盪

鎖定了目標任務，接下來就要設計路徑了，也就是問題的解決方案。

通常，解決問題有兩種基本路徑：

- 路徑一，分析型：界定問題 —— 分析問題 —— 原因分析 —— 解決原因；
- 路徑二，創造型：創造問題 —— 創意迸發 —— 創意組合 —— 創造可行性。

不管是分析型還是創造型，解決問題的路徑並不是拍腦袋就能想出來的，設計路徑的過程，其實就是與自己、與世界不斷進行腦力激盪的過程。

過去，我們更多時候會採用分析型，透過分析來解決問題。而未來，超級單兵會面臨更多創造型問題，甚至不知道問題是什麼，也沒有經驗可循，需要更多創意來創造可能性。那麼，創意都是怎麼迸發出來的呢？

這裡分享三個如何引發解決問題的創意思考正規化。

第一，創造問題。找到關鍵問題，不斷追問根源。

世界上很多問題，如果找對了「真正的問題」，一半其實已經解決了。

舉個例子。美國首都華盛頓廣場的傑佛遜紀念堂年深日久，建築物牆壁斑駁，甚至出現裂痕。政府非常擔憂，派專家們調

查原因。最初大家以為蝕損建築物的是酸雨，後來發現，原來是沖洗牆壁的清潔劑有酸蝕作用，而該大廈牆壁每日被沖洗的次數，大大多於其他建築，導致這棟大廈比其他大廈更快速地腐蝕。

為什麼要每天沖洗那麼多次？因為大廈每天被大量鳥糞弄髒。

為什麼大廈有那麼多鳥糞？因為大廈周圍聚集了特別多的燕子。

為什麼燕子就喜歡聚在這裡？因為建築物上有燕子最喜歡吃的蜘蛛。

為什麼這裡的蜘蛛那麼多？因為牆上有蜘蛛最喜歡吃的飛蟲。

為什麼飛蟲在這裡繁殖得多？因為這裡的塵埃最適宜飛蟲的繁殖。

為什麼這裡的塵埃最適宜飛蟲繁殖？沒什麼，只是塵埃在從窗戶照射進來的陽光下顯得特別多，刺激了飛蟲繁殖的興奮。

原來，窗戶照進來的陽光下飄著的塵埃，刺激了飛蟲繁殖，飛蟲引來蜘蛛，蜘蛛引來燕子覓食，燕子吃飽了就近在大廈方便。所以，問題的源頭就是大廈的窗戶照進陽光。那麼，解決問題的方案就是：拉上大廈的窗簾。

找到關鍵問題，不斷追問為什麼，找到問題的根源，自然

第四章　快執行：在未知中小步快跑

也能找到解決方案。

第二，跨界聯想。抱著問題睡覺，抓住靈光乍現的刺激。

稻盛和夫在《工作的方法》一書中說過，他有個工作理念是「抱著產品睡覺」。

這源自稻盛和夫的某一次產品創新的成功經歷。他在京瓷工作的早期，公司要求他用鎂橄欖石研發出一種新型材料，可使陶瓷的絕緣效能加倍。當時最大的問題是無法解決黏合的問題。稻盛和夫遇到難題，陷入了苦思冥想中。突然有一天，他在工廠裡走動時，踢翻了一桶松香，松香黏在褲子上，就在那一刻，他瞬間得到啟發。「這就是黏合劑啊！」他用松香來黏合鎂橄欖石的創意大獲成功。

這次的成功，不僅讓他獲得科學研究的成果，更重要的是找到了迸發創意的祕訣。他發現，「日思夜想，只想一個問題」指引他產生創意。這個發現，讓他從一個排斥工作的人，徹底改變為熱愛工作的人，不斷創新，最終成就了兩家世界前 500 大企業。

如果我們能像稻盛和夫那樣「抱著問題睡覺」，你會發現，所看到的、聽到的一切，都會給你靈感和答案。

我自己也常常有這樣的體驗。就比如，在本書的寫作過程中，當我日思夜想某個問題時，那麼無論是我看孩子玩遊戲時，還是和客戶討論時；無論是我跑步時，還是和朋友閒聊時；

甚至是我看電影、刷短音時,都感覺是老天在向我推送有用的素材。不經意的一個場景、一句話、一個東西,都能引發出我的靈感。

這就是「抱著問題睡覺」的力量,它會吸引你注意到一些「閃現的念頭」,而這些念頭結合你的問題,恰恰就能產生出創意。

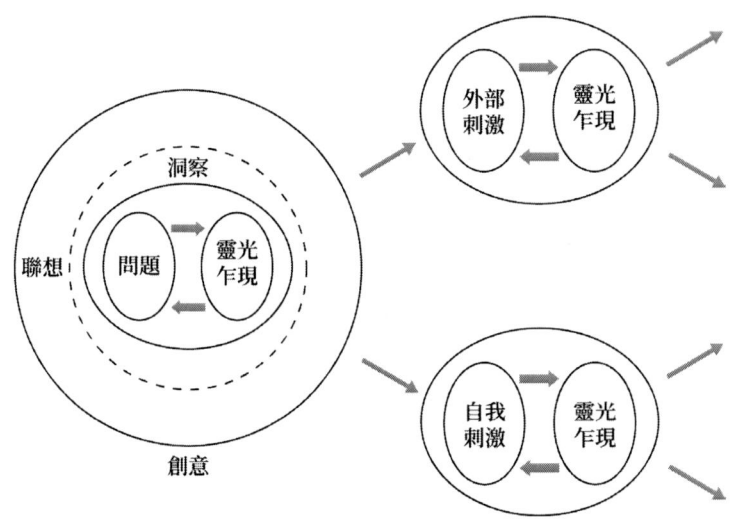

圖 4-3　靈光乍現與創意

其實,我們在工作和生活中很多閃現的念頭是在無意識中被忽略過去的。如圖 4-3 所示,當你聚焦在某一個問題,外部刺激和內部刺激所產生出的靈光乍現,結合這個聚焦的問題,就能產生意想不到的化學反應。而且,一個新的想法會不斷地透過刺激,裂變出更多新想法。

第四章　快執行：在未知中小步快跑

簡單來說，創意來自「問題＋刺激＋靈光乍現」結合下迸發出來的新想法。

創意的誕生雖然也有運氣和偶然因素，但如果你真正用心聚焦在你日思夜想的「問題」上，努力洞察，勇於打破，處處聯想，就會更容易遇見創意。

第三，重構組合。本質要素不變，換一種組合形態。

世上的很多創意、創新並不是從無到有，而是重構要素後呈現的新組合形態。

著名畫家蔡志忠先生在接受訪談時，說過一個水的故事。水從高山快速流下，經過急流，經過溼地，碰到沙漠，就過不去了。水就哭了，說：「沙漠是我人生的宿命，水永遠越不過沙漠。」這時，風就和水說：「水啊！水啊！你不只是水，水只是你一時的形態。你可以變成水蒸氣，然後變成雲，我可以幫你吹過沙漠。你變成雨，再下來，然後就變成水，所以沙漠對你就不存在了。」

水的故事告訴我們，當我們面臨一個新問題，你若依賴過去的路徑，可能就沒有解決方案了，因為你就像故事裡最初的水那樣，把自己框住了。但其實，就像後來的水變成不同形態到達目的地那樣，你也可以找到其他的可能性。

如同上面水的故事，重構要素成為新形態，就可以找到新的解決問題的路徑了。如圖 4-4 所示，某種東西或任務本質上並

無改變,但透過拆分要素,提取一部分,或重構要素,成為另一種形態,就可以形成不同概念的東西,也就可以另闢蹊徑了。

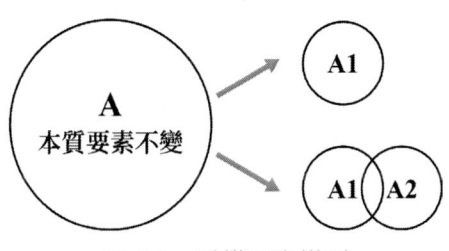

圖 4-4 重構要素模型

舉一個商業案例,美國茶商沙利文(Thomas Sullivan)為了推銷茶葉,就拿絲綢包著少量茶葉,送給潛在客戶品嘗。不太懂茶的客戶,沒把絲綢打開,就直接泡在水裡,覺得還滿好的。第二次,當客戶下單時,沙利文直接給了一磅一磅的茶葉。客戶就問:「原本有絲綢包,現在怎麼沒有了?」他一下子受到啟發,推出了一袋一袋的茶包。沙利文也因此成為推動茶葉工業化程序的第一人。

我們現在熟知的茶品牌「立頓」(Lipton)於 1888 年創立,銷量一直普普通通,直到推出了袋裝茶葉才開始熱銷,成為全球最大的茶品牌。如今僅在英國,6,000 多萬人口每天消耗 1.3 億包茶包。

發現了嗎?其實「茶」本身並沒有實質性的改變,立頓也好,後來風靡的抹茶、綠茶精油等茶相關的衍生產品也好,其實都沒有改變茶的本質,只是在形態上重構,形成新概念或新

第四章　快執行：在未知中小步快跑

產品，推到市場上，效果卻截然不同。

產品可以重構，工作流程、團隊分工、時間分配其實都可以透過「重構」的方式進行創新和變革。

從此刻開始，建議你進行刻意練習，找到最近要解決的難題，聚焦到這個「問題」，抱著問題睡覺。運用上面提到的創造問題、跨界聯想、重構組合這三個思考方式，嘗試刺激靈感，相信你一定能找到想要的答案。

▌行動節點四：資源支持，提前預售你方案的價值

任何行動的成敗並不取決於單兵一個要素，如果你希望在行動中盡可能少阻擋要素，盡可能多資源支持，那麼就必須學會獲得團隊內、外部的認同和支持。

如何獲得各利益相關者的支持？那就需要提前預售你的解決方案，說服他們，當你一旦開跑，就站在同一戰線幫助你。想要成功說服對方，就要過下面兩道關卡。

第一關，你的方案與對方需求有哪些價值連接點？

對方為什麼要支持你？因為，你可以給予對方某些符合需求的價值。

劉總，是我的客戶，是一家智慧販賣機營運服務公司的創辦人兼首席技術官。劉總的團隊研發了新一代智慧販賣機，準備鋪設到某城市的各大小地區。當時資金並不充裕的他們，一邊和社區談布點的合作，一邊和投資人談下一輪融資。

有一天，我陪他一起去見投資人和合作夥伴。我發現，研發出身的劉總，一開口就很自豪地講述他的新一代產品及自己的領先技術。比如，他的智慧販賣機的貨道，相比同類產品有多麼先進，那裡面的零件都是他親自到德國帶回來的……等。新貨道技術的詳細說明，固然足以證明劉總是技術菁英，但卻未能打動對方合作。

投資人關心的是投資報酬，社區關心的是安全問題。他卻未能告訴投資人，貨道專利技術能幫助減少多少營運成本，提高多少利潤；也沒告訴社區合作夥伴，貨道的專利技術如何保證出貨安全、零出錯率。甚至對內部合夥人，劉總也沒告訴他們重金砸在貨道零件上對大家有什麼好處，從而引來不少質疑。

這就是未能在「客戶需求」與「解決方案」間建立好價值連接。同樣一個技術，對不同的對象，其價值都不相同，唯有清楚告訴他們對自己有什麼價值，才能說服對方，獲得資源支持。

第二關，如果方案遭到質疑，誰會是最大的反對者？

不管好壞，所有方案不可能沒有質疑的聲音，總有人會提意見，甚至反對。所以，你要做好會聽到不一樣聲音的準備，還需提前認真準備應對策略。

建議在公開你的方案前，先進行「事前驗屍」。也就是把自己當作「批評家」，列出這個方案中可能會被質疑的點，嘗試自問自答。最好還要盤點哪些關鍵人可能會提出質疑，以及為什麼？這些人的質疑背後有哪些訴求？

第四章　快執行：在未知中小步快跑

　　應對這些質疑的方案，可以從兩方面著手。一方面，對利益相關者的顧慮，提供「緩解方案」。比如，有些人怕出問題、擔責任，那就要幫他先拿到權威的背書，有些人則只是多一事不如少一事，不想多做事，那就替他們減少工作量。你需要辨識出反對者背後的顧慮，幫助他們解決那些麻煩。

　　另一方面，盡可能增加「價值籌碼」。可以是方案本身帶來的好處，也可以是方案以外的好處。比如，你可以幫助他完成績效指標，或解決其他對他重要的事情，來換取對你這件事的支持。這些爭取工作，最好在正式會議之前，以非正式溝通的方式進行，盡可能不在公開場合出現一大片反對聲。

　　如果，現場真遇到質疑，也請你不要先掉入情緒的漩渦，著急反駁。我以前就是一有不同聲音就非常著急、想辯論。有一次，我們為某汽車公司提供管理變革方案，對方有幾位不太同意，我非常著急，非常強勢地跟他們辯論，想快點說服他們。在對峙的氣氛和雙方激烈的情緒下，我們判斷恐怕當天無法達成共識。所以我們特意中斷了會議，建議過兩天再討論，為的也是冷卻情緒。

　　會後復盤，資深合夥人問：「妳今天看起來很強勢，妳覺得妳贏了嗎？」我無言以對。她建議我：「其實，我們需要的不是強勢的反駁，而是溫柔的堅定。」的確，我們很多時候大可不必面紅耳赤地與對方理論，讓對立的氣氛升溫，在那種情緒的感染下，沒有人會認真聽你說什麼內容，只會越來越頑固地堅持主張。

04 快執行的四個行動節點

溫柔的堅定,的確是一個看起來很溫柔的殺傷性武器。幾天之後,在與對方的下一輪研討中,我看到資深合夥人首先對共識的部分給予肯定,甚至還讚美對方為方案共創帶來有價值的建議。之後,她平和地解釋我們設計方案的用意,以及對他們公司和個人有什麼價值。神奇的是,5分鐘前我說過的一句話,馬上被對方反駁,而5分鐘後,資深合夥人說了一模一樣的話,對方竟然非常認同,達成了共識,還承諾給予所需要的資源支持。

《思考,快與慢》(Thinking, Fast and Slow)中,諾貝爾經濟學獎得主丹尼爾・康納曼(Daniel Kahneman)已經證明,人有靠直覺的快思考系統和主動控制的慢思考系統。人們自認為頭腦清楚,富有邏輯,但實際上大腦卻是先動用不理性的直覺來判斷決策。所以,人其實是非理性地做決策,會因為喜歡,所以認同。所以,平時就多累積品德,讓他人喜歡你吧!

請記住,你的行動需要各利益相關方的資源支持。站在對方的視角,為對方提供價值、排解顧慮,以溫柔的堅定預售你的方案,相信你的前路沒那麼多石頭。

透過角色認知、創造任務、設計路徑和資源支持四個關鍵行動節點,超級單兵可以更加清晰、主動、創造性地邁出每個行動的步伐。但這只是一套基本動作,超級單兵需要不斷重複、循環這套動作,在小步快跑的快執行中,少走冤枉路,升級迭代,最終達到想要達到的目的。

第四章　快執行：在未知中小步快跑

最後，作為本章的小結，也作為延伸到人生的思考，我想分享我從跑步運動中得到的啟示。

人生，就是一場馬拉松。執行，就是一步一步腳踏實地跑到目的地的過程。這個快速變化的時代，要求我們開啟小步快跑的模式。但在對快的配速和完賽的追逐中，我們很容易忘記跑步的初心、出發時設計好的策略，省略中間的補給站，甚至動作姿勢會變形。這樣的小步快跑，還能跑得遠、跑得久嗎？

我們在人生路上，也在小步快跑地嘗試不同職業、不同方向，甚至不同活法。在這個過程中，我需要成為自己的「教練」（方案設計者），統籌設計和安排路徑；我也應該是竭盡全力的「跑者」（業務驅動者），一步步刷新成績；我還要成為「領跑或跟跑者」（團隊共建者），帶動並跟著團隊的朋友一起跑，我更是一個啦啦隊（環境營造者），激勵自己、激勵朋友、營造團隊的文化。

我逐漸找到了適合自己的心態、適合自己的跑法，也學習了正確的跑姿。跑了三年，我才開始理解，村上春樹在《關於跑步，我說的其實是……》一書中所說的那句話的含義：「我寫小說的許多方法，是每天清晨沿著道路跑步時學到的。」

人生就是邊跑邊學。所以，告訴你各種方法論後，我依然想對你說——唯有自己跑起來，自己做起來，你才能探索出真正屬於自己的執行之道。

05 重點筆記

混沌中「小步快跑」：快行動、快迭代、快轉向的快執行模式；

平和的心態：放下完美、接納失敗、快中有慢；

正確的跑法：先熱身、方向對、一起跑、練核心。

■ 混沌中起跑的三個出發點：

- 出發點一：出局看局；
- 出發點二：卡位未來；
- 出發點三：落子無悔。

■ 快執行的四個行動節點：

- 行動節點一：角色認知，釐清擔當什麼角色職能；
- 行動節點二：創造任務，解決期望與現狀的差距；
- 行動節點三：設計路徑，與自己和世界腦力激盪；
- 行動節點四：資源支持，提前預售你方案的價值。

推薦閱讀

［美］瑞姆・夏藍等，《執行：如何完成任務的學問》，劉祥亞等譯，北京，機械工業出版社，2016。

第四章　快執行：在未知中小步快跑

　　［美］丹尼爾·康納曼，《思考，快與慢》，胡曉姣、李愛民、何夢瑩譯，北京，中信出版社，2012。

第五章
價值網：超級單兵不是單打獨鬥

> 沒有人會是一座孤島，超級單兵不是單打獨鬥
> 價值網，就是一起成長、一起突破的虛擬團隊
> 價值網，是傳播、放大、交換價值的生存結構
> 依靠它，能快速成就，依賴它，就是禁錮自己

讓我們重新翻看你的〈年度策略地圖〉，請你盤點一下，當你已經擁有那根專業長矛、在快速執行實踐你的策略目標和策略時，僅憑你的一己之力，是否能夠做到？或就算你自己可以做，效果是不是最大化的？

回顧人類的發展，《人類大歷史：從野獸到扮演上帝》中說過：「智人之所以能征服世界，是因為有獨特的語言。」也就是說，人類擁有了「從個體到群智」的力量，社會才得到了前所未有的進步。

在原始時代，透過人類語言建構人與人的連結，讓人們在惡劣環境中生存和進步；在如今的網路時代，透過電腦語言所建構的網路世界，不僅僅為人們開闢出另一個生存空間，更幫助

第五章　價值網：超級單兵不是單打獨鬥

人們實現更高效能、更廣泛成長的可能性。藉助群智的力量，藉助網路時代的力量，才是這個時代單兵能夠存活下來，並事半功倍的生存之道。

這就意味著，超級單兵不是單兵作戰。

一個單兵想要在激烈的競爭環境中生存並脫穎而出，首先，需要發展機會，讓自己創造價值；其次，需要助推的力量，極大化地發揮自己的優勢，放大個體價值；最後，需要變現的力量，透過價值交換，讓個體的價值能夠快速變現。

價值創造、價值放大、價值變現，這一系列的活動，並不能只靠一個單兵就能完成，而是需要提供所需資源和能力的價值網路。只有擁有符合時代的、具有競爭力的價值網路，才能最大化地引爆超級單兵的價值。

我們把這個超級單兵賴以生存與發展的價值網路，稱之為「價值網」。

01　超級單兵的「價值網」

價值網（Value Net）這個概念來自於策略管理領域，是哈佛大學商學院管理經濟、競爭與策略教授亞當・布蘭登伯格（Adam M. Brandenburger）和耶魯大學管理學教授貝利・奈勒波夫（Barry Nalebuff）共同提出的，解釋了商業活動中參與者的

01 超級單兵的「價值網」

連結關係。

在商業世界裡,企業生存於自己的價值網中,由團隊和供應商一起創造產品,透過與客戶交易獲得收入,並在市場上與競爭者競爭,奠定市場地位,還透過補充者,共同完善產業鏈。所有參與者在價值網中一起創造價值、放大價值和交換價值。當位於價值網中心的企業形成足夠影響力時,就會形成「生態圈」。所以那些超級企業都在建構自己的生態圈。

同理,在職場世界裡,超級單兵也需要建立自己的「價值網」。

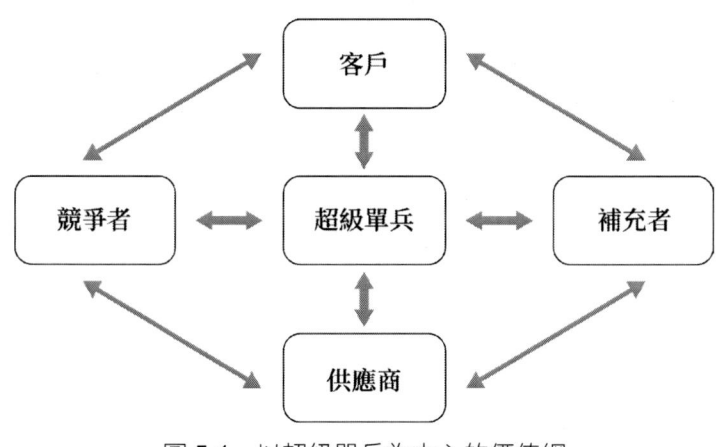

圖 5-1　以超級單兵為中心的價值網

價值網,就是超級單兵能夠創造價值、放大價值、價值變現的生存結構,由客戶、供應商、補充者、競爭者這四類核心角色構成。

第五章　價值網：超級單兵不是單打獨鬥

超級單兵與每個角色的連結關係稱之為「連接」。這些角色既可以是一個人的個體，也可以是團隊，甚至還可以是人工智慧硬體或數位化系統。這也是為什麼我們用「連接」這個詞，而不是「人脈」。

讓我們先釐清這四類核心角色的含義，來理解價值網的構成。

第一，客戶。

客戶，是價值創造的出發點，也是價值變現的終點。

超級單兵的客戶，一類是內部客戶，指的是你所在企業的上司或協同部門的同事，他們需要你來交付一些模組的工作，最終完成整體系統的工作；另一類是外部客戶，也就是為你的產品和服務買單的客戶。

請注意，不要把部門的客戶混同於你自己的客戶。如果你離開了平臺，就和你不再發生任何連結的客戶，不算是你自己價值網中的客戶。這不是鼓勵你花心思挖走老東家的客戶，而是促使你反思，哪一天即便你去了別家企業，哪怕做了其他工作，你曾經的客戶是否願意為你背書？是否願意交給你新的專案，甚至轉介紹其他的客戶？

第二，供應商。

供應商，是為你提供所需要的資源要素的角色。

超級單兵的供應商，一類是內部供應商，比如，產品、技術、服務等內部團隊成員；另一類是外部供應商，比如，資本、

01 超級單兵的「價值網」

管道及其他合作夥伴。

請注意，供應商不一定需要你花錢採購服務或支付薪水建立團隊。比如，我在出新書時，和出版品策劃平臺合作，平臺的編輯團隊和我一起構思內容、幫我跑出版流程、推廣，最終一起產出一本書的內容價值給讀者們。對我而言，平臺是我的出版供應商，反之，對平臺而言，我是他們的內容供應商。我們一起共同創造價值，合作雙贏。

第三，競爭者。

競爭者，就是對你的生存和發展構成威脅的角色。

超級單兵的競爭者，一類是同行業或同部門中可替代你的競爭者；另一類是競爭行業或競爭部門中可滅掉你的競爭者。

為什麼還要關注和連接競爭者呢？人們往往認為競爭者之間是零和博弈，只存在競爭關係，有你沒我，有我沒你。而在《合作競爭：如何在知識經濟環境中催生利潤》這本著名的策略管理書中，提出了「競合關係」，是既可以競爭，也可以合作的關係。競爭者其實也有正面的作用，可以提供往前衝的推動力，也能給予一些同行業的新動向，甚至有時可以一起把產業的餅做得更大。

第四，補充者。

補充者，就是能夠賦予你能力的外部角色。

超級單兵的補充者，一類是能夠提供補充產品或服務的外

第五章　價值網：超級單兵不是單打獨鬥

部角色；另一類則是不在主業上發生交易的賦權角色，比如老師、教練等，間接幫助提升能力。

請注意，前面提到的供應商是互補能力，補充者的差別是在核心業務和能力範疇之外拓展能力邊界。比如，我身為合夥人，做人力資源顧問專案，請的諮詢顧問就是供應商，可以提供人力資源 IT 系統的科技公司就是補充者，教我人力資源顧問方法論的老師也是補充者。

上述四類角色，包括客戶、供應商、補充者、競爭者的角色，與超級單兵的連接關係，有四個特點。

特點一，雙重角色。在自己的價值網中，自己就是中心角色。但在其他人的價值網中，自己同時也扮演著客戶、供應商、競爭者和補充者等這些參與者角色。

特點二，以價值連接。不同角色之間的連接關係是由「價值」所建立。「價值」可以是顯性價值，如資訊或經濟利益；也可以是隱性價值，如情感或關係。所以，「價值」絕不只是當下某種利益的展現，而是未來獲得感的展現。

特點三，價值雙向流動。在價值網中，價值是雙向流動的。雖然流動的價值大小不一定完全對等，但如果只有一個方向的長期輸入或輸出，這樣的單向連接，就無法穩定地延續下去。

特點四，動態網路。價值網是一個動態的價值網路，如果能夠最佳化這些角色，不斷增加價值，整個價值網的能力也會越

來越大。反之,如果整個價值網的資源能力不符合時代或不符合你的發展要求,那麼需要更換角色的擔當者,否則嚴重時,甚至會出現整個價值網一起沒落,甚至走向死亡。所以,價值網是需要更新迭代的,不然反而會成為阻礙你發展的桎梏。

請你盤點一下:

Q1:你是否已經擁有了屬於自己的「價值網」的四類角色?

Q2:與這些角色的連結有沒有產生價值網的核心價值來提升你呢?

02 「價值網」的核心價值

到底「價值網」應該產生哪些核心價值?它如何賦予一個單兵能力呢?

「價值網」最大的價值,其實就是能給予你實行策略目標的支撐能力。

價值一:孵化能力,形成生存內循環。

多年前,剛從企業出來,美其名成為自由職業者的我,賺到的第一筆收入,就是透過建構一個價值網所獲得的。

那時,我從大學同學那裡得知一家國營企業正在選擇培訓供應商。什麼都沒有的我,竟然毛遂自薦去競標。但承辦這個

第五章　價值網：超級單兵不是單打獨鬥

專案需要三個關鍵能力：第一，客製化的培訓方案；第二，交付課程的老師資源和專業能力；第三，商務資源和支持。

我是諮詢顧問，策劃培訓方案倒是可以，但後兩項能力是不足的。因此，我先和大學校友郭老師建立合夥人關係，藉助她所在顧問公司的資源去參與競標，獲得商務和行政上的支持。然後，透過郭老師，連接到了大學領導力培訓中心，為我們提供優質師資。

這樣一來，三個基本能力就基本上建構完畢了。最後一環是競標，我透過研究競爭對手，打出了「顧問式培訓」的差異化理念和培訓模式，並結合大學師資的專業優勢，打敗了另外三家競爭對手，成功拿到了第一個專案。之後，因這個專案的成功，我拿下了這家客戶從新員工到高階管理人員整年的所有培訓專案。

有了第一個客戶的成功案例，在大學校友群中傳開了口碑，不僅更多客戶自己找上門、尋求合作，這些優質的客戶資源，還引來了其他合作夥伴。比如，IT系統服務商提出是否可以將顧問培訓和HR管理系統解決方案捆綁在一起服務客戶，還有高階管理人的獵才公司、教練機構等供應商，都希望與我合作。

我因連接了大學校友群的優質客戶池，不斷挖掘商業機會；連接了大學領導力培訓中心，獲得了其師資的專業能力；連接了校友的顧問公司，加強了方案的客製化能力和培訓管理能力；連接了產業內外的補充者，共同拓展服務範疇。

02「價值網」的核心價值

我發現這個價值網不僅促使我形成承接培訓專案的核心能力，更重要的是，形成了一個具備信任感的內循環。我與客戶、供應商、合作夥伴之間，都形成了雙贏的信任基礎，我們之間也互相推薦更多商業機會，一起合作，一起雙贏。

這就是價值網內的信任與合作雙贏的力量，可以形成賴以生存的核心能力。

價值二：併購能力，形成槓桿效應。

單兵一個點的能力肯定是有限的，如果能透過價值網，併購更多、更高的資源和能力，就能形成更有效的槓桿效應，放大你的價值。

幾年前，我曾推出過第一門線上影音課程《商務溝通與禮儀》，但那時我並沒有什麼意識要去藉助價值網的力量。可想而知，課程做出來，基本上無人問津，最後頂多就成為給客戶的模範影片而已。

2018 年，我和一家小知識平臺共同推出職場線上課程《學得會的老闆思維》，透過併購小知識平臺的兩大核心能力，也就是內容策劃編輯能力和管道拓展能力，我的課程迅速在其他大知識付費平臺上架。當然，從小知識平臺的角度，他們也併購了大知識付費平臺的流量資源，也併購了我的內容創作能力。

藉助《學得會的老闆思維》這個知識產品，我又連接到一些大型顧問公司和網路大學，它們也成為我的客戶或供應商。這

第五章　價值網：超級單兵不是單打獨鬥

些機構都有細分領域裡的影響力，在全國分別有幾十家分支機構，透過與這些機構的合作，我撬開了其他地區的市場，也更加迅速地提升了在業內的知名度。

能力的併購，相當於給單兵更超出等級的鎧甲、更多的補給，不被競爭淘汰，還能跑得更快。這就是價值網的槓桿效應，以點帶面傳播和放大你的價值。

價值三：刷新能力，形成迭代效應。

價值網是動態的，如果你能不斷最佳化價值網，它會無形之中支撐你，幫助你刷新能力，拓展出新的發展空間。鍾總，是我的一位企業家客戶。有一次，他邀請我幫他完成一家網路醫療專案公司的組建。為了幫他建立新公司，我需要做到三件事情：第一，需要做出未來三年的策略發展計畫；第二，需要幫他找到合適的團隊，特別是關鍵職位的高階管理人；第三，需要幫他融資，不僅要修改商業計畫書，還得和投資人進行公開宣傳活動。

那時候，這三件事對我都很有挑戰性，現在想來，很感恩鍾總竟然信任我。幫助他的過程中，每件事都幫我累積了新資源和能力。第一，醫療行業資源。為了做策略規劃，不懂這個行業的我，跟著鍾總拜訪了醫藥企業、醫生、醫療服務等產業鏈的不同企業和能人。第二，高階獵才能力。為了幫新公司找合適的CFO，我聯絡到一些不錯的求職者。除了被錄取的那位之外，其他求職者我就對接到其他公司。如果之後再接到獵才

專案，我也完全可以承接下來。第三，融資能力。透過幫他融資，我不僅學習、提高了商業計畫書的撰寫和宣傳能力，還認識了投資機構的著名投資人，也結識一些金融圈的人，一起介入到其他專案中。

我的價值網，從顧問培訓的客戶、顧問、老師、合作機構的連接，拓展到獵才、醫療產業、投資等其他領域的資源和能力。而當我的價值網發生改變和升級，我發現不僅刷新了自己的能力，還創造出另一個成長空間。

總而言之，價值網的核心價值，就是透過給你孵化能力、併購能力、刷新能力，成為支撐生存的支點、促進成長和迭代的槓桿。

價值網的力量如此重要，那我們應該拿什麼去建構自己的「價值網」呢？

03 拿什麼建構「價值網」

價值賦權「連接」。

價值網，是透過「價值」建構與四類角色的連結，也就是連接你與客戶、供應商、競爭者和補充者的關係。你要站在他們的視角，找到對方需要的價值。

第五章　價值網：超級單兵不是單打獨鬥

第一，以「雙贏價值」連接客戶。

連接客戶最好的切入點，就是真正理解客戶的需求，找到可交換的雙贏價值。

多年前，我在行動網路公司負責商務拓展時，主要任務就是連結大客戶，也就是大品牌手機廠商。那時不像現在可以從應用程式商店自行下載 App，手機螢幕介面都是大手機廠商掌控，像我們這種不知名的小應用程式，的確很難打入進去。

經朋友介紹，我們終於約到了與潛在客戶 N 公司的會面。與我們會談的是管道業務部的林總監和他的團隊。雖然我們的產品經理很賣命地介紹產品，但對方的神態已經出賣了他們不感興趣的心。

茶歇時間，其中一位主管悄悄告訴我們：「你們說那麼多產品沒用，我們今年的業績指標都還沒達標，林總監哪有工夫推動新專案呢？」這個聽起來很沮喪的友情提醒，卻幫了我們大忙。

下半場，我們改變了策略。我們不再講產品，而是直接問：「你們今年的業績指標還差多少？如果我們能幫你們完成業績，你們能幫我們推動產品部採購、預裝我們的產品嗎？」一聽到銷售指標，林總監突然像換了個人似的，變得積極起來。

發現了嗎？「完成 N 公司銷售指標」這個價值，不僅幫助業務部完成目標，也幫助我們完成預裝任務，且他們銷售越多，我們的使用者也會越多，這是雙贏的價值。後來，我們成功達成

03 拿什麼建構「價值網」

合作,將我們的 App 預裝進 N 公司品牌手機。

到這裡,拿下了客戶,就建立了價值網的客戶連接了嗎?不! N 公司林總監只是企業的客戶,並不是你自己價值網中的角色。

和林總監建立了初步連接後,我得知他想離開 N 公司,就為他介紹了高階獵才,不僅幫助他跳到另一家世界前 500 大企業,還幫他爭取到了更高的職位和年薪。

跳槽後的他,不僅又幫我拿下新專案,甚至若干年後,得知我做管理培訓,他還向自己公司的人力資源總監推薦我。這時,他已納入我自己的價值網中。

所以,想以雙贏價值連接客戶,需要在兩個層面實現共贏。第一,團隊層面上的共贏;第二,關鍵人個體層面上的共贏。若你能連接到這兩個層面的雙贏價值,客戶不僅僅是企業的客戶,最終也可能變成你價值網中的客戶。

第二,以「互補價值」連接供應商。

想做成任何事,都需要供應商。但你如何成功連接到強大的供應商呢?

小胡總,是一位年輕的創業者。多年前,他想做食品自動販賣機事業,他需要大食品廠商以更低的價格提供品牌食品。可是,像他這樣的小創業者,哪個大食品公司會放在眼裡呢?

小胡總之前在一家食品工廠工作過,深知食品工廠常常因為生產計畫做得不好而飽受困擾,生產太多,成本高;生產太少,

第五章　價值網：超級單兵不是單打獨鬥

又缺貨。小胡總就在食品自動販賣機後端開發了人工智慧系統，可以掌握什麼食品這個月在哪些人群裡賣出多少的數據。

顯然，一旦他的食品自動販賣機鋪展開來，這些數據是食品生產廠商非常重要的參考數據。果然，談判過後，多家大型食品企業主動提出，小胡總不需要以採購形式備貨、鋪貨，而是由廠商直接供應所需的貨品，以期共享、掌握銷售追蹤數據。就這樣，小胡總一分錢也沒花，就搞定了大品牌供應商，解決了供貨問題。

所以，小螞蟻不是不能和大象合作，關鍵點是有沒有創造大象所需要的互補價值。

第三，以「獨特價值」超越競爭者。

競爭者，看起來是前進路上的絆腳石，但其實反而往往是進步的重要動力。無論你規模多小，只要找到差異化的獨特價值，都能在競爭中找到空間。

我除了顧問培訓的主業，有時還以高階翻譯作為副業，只是從沒想過專門朝翻譯產業深耕的我，一直都是以自由翻譯身分接案。但身為一個單兵，我一個個體又如何與有規模的翻譯公司競爭呢？

J公司是一家汽車公關公司，為了成為韓國現代汽車發布會活動的承辦方，他們需要一位翻譯，翻譯數據和現場資訊。現代汽車評審委員會中有一半是韓國人，所以J公司非常重視翻

03 拿什麼建構「價值網」

譯這個環節,準備從幾家翻譯公司中找最好的翻譯。我經一位後輩的推薦,遞交了我的簡介,得到了面談機會。

通常,翻譯公司的專業翻譯簡介,都會強調曾經做過哪些專案,有什麼專業證照等,在競爭時也會透過打價格戰勝出。但是,我深知J公司最在乎的並不是那一點價差,而是如何傳遞好提案內容,成功拿下專案。

因此,我和他們介紹我時,強調的除了翻譯經驗,更著重於對現代汽車的了解、曾在公關公司的工作經歷,以及未來推薦他們到其他韓國企業的可能性。「懂翻譯、懂企業、懂公關」,這成為我的獨特價值,如果你是J公司,在同等價格條件下,會選我,還是翻譯公司呢?

後來,在交付這個工作的過程中,我不僅簡單翻譯提案資料,還結合了我的顧問能力,幫助最佳化方案,並在提案現場即時助攻,解答對方刁難的問題。拿下專案的J公司,感謝之餘,還把我推薦給他們的客戶公司,做了更大的顧問專案。

職場的競爭中、市場的競爭中,超級單兵要學會「差異化」,用獨特價值超越競爭者,讓客戶心甘情願買單,這樣才能在激烈的競爭環境中生存和進步。

第四,以「未來價值」連接補充者。

如果對方是提供補充產品、共享客戶的補充者,其實還算容易連接。補充者中有難度的是那些沒有直接交易關係,但可

189

第五章　價值網：超級單兵不是單打獨鬥

能會賦權於你的補充者。他們往往比你段位更高，也擁有更多資源和能力。但他們為什麼會幫助你呢？

我依然記得 2006 年春天，一個明媚的週五下午，我輕輕推門進入著名管理學家潘承烈教授的辦公室。我萬萬沒想到，那一天竟會成為一次人生轉捩點。

潘教授是著名的管理學者，曾和數學家華羅庚一起在英國伯明罕大學做過訪問學者。大家都非常敬重他，親切地稱他「潘老」。

這樣的高人是如何成為我人生貴人的呢？有一次，我看到他請祕書處的人編輯和列印他的文章，我主動請纓：「潘老，要不要以後我幫您編輯、裝訂好後，直接送到您這裡，或需要傳閱的人那裡吧！」潘老見我很誠懇，欣然接受了這個提議。

這就是我和潘老連結的開始。我並沒有圖什麼，只是真心想幫他編輯好文章。如果有那麼一點私心的話，就是想學習他的文章。我如願以償，透過編輯潘老的文章，學習管理思維和創新案例，遇到不懂的問題，也藉由送文件的機會請教他。

那天我也像往常那樣，向他請教問題，潘老耐心地講解後，便問：「我看妳很好學，有沒有想過留學深造呢？」我當然想，但不知道怎麼去。第二天，他遞給我親筆寫的英文推薦信，要我去面試英國大使館的留學方案。在潘老的推薦下，我成功申請了英國三大院校之一的英國倫敦大學學院（UCL）的碩士學

03 拿什麼建構「價值網」

位。這一走,不僅為我的人生增加了濃重的一筆,還改變了我日後的職業發展軌跡。

英國留學回來後,我加入了一家國際管理顧問公司。時隔多年拜訪潘老,很想當面感謝他。我回想當年,感慨地問:「您當初為什麼會主動幫我這個新人呀?」他微笑著說:「因為,我在妳身上看到了未來。」

的確,那時我抱著很大的學習熱情,也常不知天高地厚地分享我的見解,還幻想哪一天我也成為像他那樣的管理學家,幫助他人、幫助企業成長。他看到了我的夢想,看到了我的努力。他給我的絕不只是一份推薦信,而是未來。

潘老的貴人相助,讓我開始明白,「價值」並不一定是馬上為對方帶來摸得到的好處,而是讓對方看得見未來可期的藍圖,感受對未來的熱情和希望,那也可以是一種價值,叫「未來價值」。

不難發現,不管是雙贏價值、互補價值、獨特價值還是未來價值,其實背後最根本的核心出發點,都是站在對方的視角考量問題、解決問題,也可以統稱為「利他的價值」。

當你能以「利他的價值」幫助他人時,會吸引那些能賦予你能力的角色加入到價值網中,也才能充分發揮價值網的核心價值。

第五章　價值網：超級單兵不是單打獨鬥

04　從點到網打造「價值網」

想要打造自己的「價值網」，應該從哪裡著手呢？你可以從點到線、到面、再到網，一步步打造自己的「價值網」。

- 點：打造個人品牌；
- 線：打通供需連接；
- 面：建構連接空間；
- 網：高位能價值網。

點：打造個人品牌

價值網的起點，就是先打造「自己」這個中心點的價值。讓「自己」更有價值，且讓世界知道你的價值，才能吸引和連結更多優質的資源，提升你的價值網。為此，第一步先要打造職場中的個人品牌。

很多人誤以為埋頭苦幹就自然形成職場的個人品牌，其實不然。努力做好工作，那是具備了「品」，但「牌」沒打出去，別人不知道你有什麼價值。還有人以為，身處知名公司或身居高位就有了個人品牌。但那只是「企業品牌」，離開了企業，離開了職位，那些光環就會被拿下來，你，又是誰呢？

你可能會問，我又不是明星，也不是多厲害的人，怎麼打造自己的個人品牌呢？

04 從點到網打造「價值網」

第一，給自己一個定位標籤。

在商業世界裡，一個好的品牌就等同於一個品類。那麼，當人們想到你的名字時，會想到什麼？又會在什麼時候主動想到你？你是某領域的專家？還是坐擁百萬粉絲的網紅？又或者是有資本的投資人？

定位標籤，如同導航，你的標籤其實就是你在他人的認知裡立下的路標，他們會順著標籤找到你。通常需要為自己定位幾種標籤。

標籤一，工作標籤。我曾做過外交事務的翻譯，這個標籤在職業初期的確幫助我提高了知名度和價值。但問題來了，後來我明明已經轉行做管理顧問，可大家腦海裡，我的標籤依然是高階翻譯，需要翻譯時就會想到我。所以，定位不僅僅是讓他人記住你過去的輝煌，更應該植入未來想讓大家記住的你的身分。

標籤二，特質標籤。某經紀人曾分享過，人們會記住放大的某種特質。比如，某女明星是霸氣女王型、某女明星是簡單幹練型、某女明星是文藝型。她們接劇本時，也會挑選和特質相匹配的，而不是盲目接戲。明星如此，超級單兵也是如此。雖然每個人身上都有多種特質，但需要找到一個風格，且這個風格需要和你的工作標籤相匹配。

標籤三，反差標籤。人們對一些職業都有刻板印象，但有

193

第五章　價值網：超級單兵不是單打獨鬥

時,打破這些刻板印象,反而會讓人記憶深刻。

標籤四,組合標籤。我在某社群裡看過一些有趣的標籤,比如,「一顆少女心、認真創作的網路金融專家」,這個組合標籤,是不是還滿有趣的!有趣的靈魂,總會讓人產生想進一步了解這個人的興趣。

在定位自己的標籤時,你可以從三個視角來考量:

- 賣點:你有沒有與眾不同的價值可以滿足他人需求?
- 競爭:人無我有,或人有我強的優勢在哪裡?
- 創新:你有沒有重新定義了哪些標籤?

定位好自己的標籤,如同產品做品牌定位一樣,能夠快速讓他人記住你、信任你、想到你。所以,請提前準備好標籤,向世界展示你的價值吧!

第二,品牌符號。

人們會因為什麼而對一個人產生好感,願意連接他呢?

《思考,快與慢》中說,當我們做出選擇時,往往是直覺發揮作用。決定買一件東西、和一個人交朋友、和一家公司合作⋯⋯這些決定看似理性,但其實往往都是感性在發揮作用。

要影響人的感性認知,需要視覺、聽覺、感覺上的刺激符號,將這些刺激符號如同槌子一樣「敲」進別人的腦海中。比如,永遠穿灰色T恤的Facebook創辦人祖克柏(Mark Zuckerberg),他就是利用獨特且重複性使用的某種符號,而讓人印象深刻。

這些符號不僅讓人印象深刻，甚至還會影響對你的價值評價。曾經，我到客戶公司就會備受挑戰。我經常被問道：「您是老師的助理嗎？顧問怎麼這麼年輕？」這背後其實是一種質疑：「這麼年輕，妳有能力嗎？妳的建議適當嗎？」當客戶帶著質疑時，我需要耗費大量力氣先證明自己，才能說服對方接受我的解決方案。

於是，我決定先從調整感知的符號入手。烏黑的大長直髮，換成知性的短捲髮，A字裙改為幹練的西裝褲，演講時穿理性的寶藍色，隨身帶的簽字筆、保溫杯，都換成商務風，還一改溫柔的聲音，開會時用更深沉的語調慢速說話，營造一種理性和知性的感覺。很神奇，這些質疑聲不再出現了，之後，客戶們還常常說：「小蘭老師一看就覺得很專業。」

看到了嗎？在職場中，你身上的所有符號都會影響到你的影響力和信任度。想在競爭中脫穎而出的你，先審視一下自己的品牌形象是不是和你的職業相匹配，是不是能夠為你的個人品牌加分？

第三，價值主張。

有了自己的定位，有了讓人記得住的品牌形象，接下來，你需要讓對方知道你的價值。這就需要傳播你的價值主張。

產品也好，人也罷，都是始於顏值、止於價值。價值主張，就是傳遞你的價值對對方有什麼意義。比如，可口可樂的價值

第五章　價值網：超級單兵不是單打獨鬥

主張是「快樂」，所有品牌都會透過自己的價值主張而與眾不同，也會吸引那些認同價值主張的顧客。

超級單兵也需要展現自己的價值主張。工作中，看起來你交付的是工作成果、是產品、是服務，但實際上，真正讓你的個人品牌具有內涵的，是價值主張。稻盛和夫的「利他經營」、巴菲特的「價值投資」、馬斯克的「科技創新」……這些都是最厲害的超級單兵們的價值主張。那麼，你對自己的工作、對他人，是否可以用一句話概括自己的價值主張呢？

你的價值主張未必是全新創造的概念，「專業」的服務、「極致」的產品、「快速」的執行力……只要形成能夠讓人記住的競爭力，都可以成為你的價值主張。

比如，吳總是一位投行高階管理人，他平時傳遞的價值主張就是「全力幫助別人解決問題」，小到幫朋友團購水果，大到企業上億元的融資，他都非常熱心幫助別人，大家都叫他「吳辦成」。憑藉這一點，他在金融圈及其他各行各業裡，結交了不少人脈，一有專案，大家自然也會想到能夠可靠解決問題的他。

價值主張好比一個產品的廣告詞，能夠讓他人更深度地理解你的內涵。

有了品牌定位、品牌形象、價值主張，更廣泛地傳播你的個人品牌，能幫助你更容易撬開資源，也能更快速地獲得信任，加速價值交易的決定。

■ 線：打通供需連接

有了自己這個中心點，接下來就能和其他人或團隊的點連成「線」。這裡的關鍵就在於「如何打通」供需連接。

第一，洞察多元需求。

不管是做商業還是從事職業，都要從需求出發，傳播和展現自己的價值。

我們先以蔦屋書店的案例來看如何圍繞「需求」展現價值。蔦屋書店是日本著名的連鎖書店，在電商充斥的這個時代，其實體店竟然依舊人流不斷。為什麼蔦屋書店會如此吸引人？

蔦屋書店雖然是連鎖書店，但每家分店都不是標準化的「產品」，而是基於當地顧客的需求，配有不同的裝修風格、不同品類的產品，和不同的體驗。比如，家庭主婦常常光顧的店，會擺放各種美食雜誌，旁邊還賣雜誌裡出現的廚具。顯然，這裡已然不再只是書店，而是以「客戶為中心」的體驗店，不僅滿足了讀書、買書的需求，還滿足了客戶多角度體驗的需求。

從「我有什麼給什麼」到「對方需要什麼，我提供什麼」，這就是需求驅動。需求驅動的思維，不僅有助於連接客戶，也是連接價值網其他各類角色的出發點。這裡最關鍵的就是洞察需求的能力。

在建構價值網的過程中洞察需求，有兩個困難點。第一個，通常對方不一定是直接客戶，也沒有直接需求，你是否還會花

第五章　價值網：超級單兵不是單打獨鬥

心思洞察對方的需求？第二個，除了工作中的需求，你有沒有挖掘到其他角度的需求？

培養洞察需求的能力固然不容易，但還是可以刻意訓練出來。從此刻開始，請你有意識地洞察你要連接的價值網角色吧！相信你一定看得見不一樣的需求。

第二，善於借用供給。

以自己擁有的價值滿足他人需求，這件事並不難。難的是，我們大部分人都不是含著金湯匙出生，哪有那麼多武器和子彈供給呢？這時就需要善於借用供給。

袁總，是某城市的女企業家，不僅是當地著名的開發商，還經營第二大百貨公司、黃金連鎖店等多個產業。多年前認識她，是在一個企業家會談中，我的角色只是一個小小的翻譯而已。

我從袁總和其他企業家的交談中得知，其商場正在升級改造，還要建設地下車庫。剛好，我想到了一個同學，大學畢業後就進入停車產業，他們不僅能夠設計和建設停車場，旗下子公司還能提供網路智慧停車解決方案，在停車行業中成為領頭民營企業。

我主動當起媒婆，將我的同學推薦給袁總。兩人一拍即合，很快袁總不僅要合作百貨公司停車場項目，還進一步簽署合夥人協議，一年內，雙方還要在當地合資建立分公司，共同開發地區市場。

在他們的接洽過程中，我都無條件地幫助袁總協調安排和給予建議。袁總非常感謝我的付出，在新成立的合資公司裡，給了我一席董事的位子。手中沒有資本的我，一分錢也沒有投入，但用借用供給的方式，幫助袁總解決了需求，還開闢了新的業務板塊，她才會給我一起做專案的機會。

所以，當我們反問自己有什麼價值時，千萬不要局限於自己的有限資源。不是自己的供給，只要能夠幫助解決問題，就可以借用供給。

第三，建立信任連結。

洞察了需求，準備了供給資源，就可以打通供需關係。但是，如果想要到達價值網的層面，還需要更為長期且牢固的連結。那就需要一個要素，叫「信任」。

我們可以用麥肯錫著名的「信任公式」來判斷你與價值網角色的關係。

信任＝可靠性 × 資質能力 × 親近度／自私度

可靠性、資質能力、親近度與信任度成正比；自私度，即是否有付出意願的程度，與信任度成反比。注意，這裡的自私度與人品的自私無關，對方不願意動用自己的資源，並不代表人品自私，只是你們還沒有建立更深厚的連結而已。

如果用公式計算出的信任度不高，很可能一次的供需連結就只是一次性的價值交換，而不是長期的資源能力，又或者有

第五章　價值網：超級單兵不是單打獨鬥

些關係就變成表面的連結，在關鍵時刻發揮不了什麼作用。

舉個例子，曾經，我經由前主管的介紹（可靠性高），結識了一位上市公司老闆（資質能力高），我們多次在飯局中聊得很不錯，我也受邀參加過他公司的活動（親近度中等）。我本以為和他建立了不錯的連結，但有一次，我因一個併購案請他幫忙，我清楚知道他有資源可以介紹，但他並不願意動用資源幫助我（自私度高）。當然，他並沒有義務一定要幫我，所以這裡再次強調，「自私度」並不是人品自私，只是是否願意動用資源的意願強弱程度。

代入到信任度公式，不難看出，因為他的自私度變數偏大，意味著我們並沒有建立很深的信任關係，他離納入到我自己的價值網，還是有一段距離的。

反過來問自己，在其他價值網中，你自己是否是高信任度的角色？這也會影響對方是否會用同樣的方式對待你。所以，對重要的人和團隊建立信任帳戶，平時從小事開始，逐漸累積信任積分。比如，做任何事情言出必行（提高可靠性），不斷提高自己的能力和價值（資質能力），線上線下多交流和走動（提高親近度），多幫助他人解決問題（降低自私度）。

信任帳戶裡的信任積分，如同價值網的社交貨幣，既可以累積，也可以減少。當你的信任帳戶累積越來越多積分，你的價值網支撐你的力量也會更大。

總之，不管是人與人還是與團隊，點對點的連接，需要站在對方的角度洞察多元的需求、打開邊界，借用供給資源，真誠連結供需關係，累積長期穩定的信任度。這樣，越來越多的資源才會融到你自己的價值網中。

■ 面：建構連接空間

有了點對點連成線，就需要擴大價值連接的面，打通更多的空間。

你需要連到價值線的三個空間——終端空間、社群空間和網路空間。這三個空間，可以是自己建構的，也可以是連接到影響力更大的組織平臺。

- 終端空間：可親身體驗的空間、場景、平臺；
- 社群空間：基於某種共同價值為連結的社群；
- 網路空間：網路、行動網路的虛擬空間。

如圖 5-2 所示，三個空間同時存在，所屬的人群也有一定的交集。價值透過三個空間進行傳播，連接供給端和需求端。你可以在任意組合空間或全空間加速傳播價值。擁有同樣的自身價值，誰更能好好利用三個空間進行更有效的傳播，誰就能獲取更多放大價值和價值變現的機會。

那麼，如何打通這三個空間呢？你需要拿「有價值的內容」去滲透。

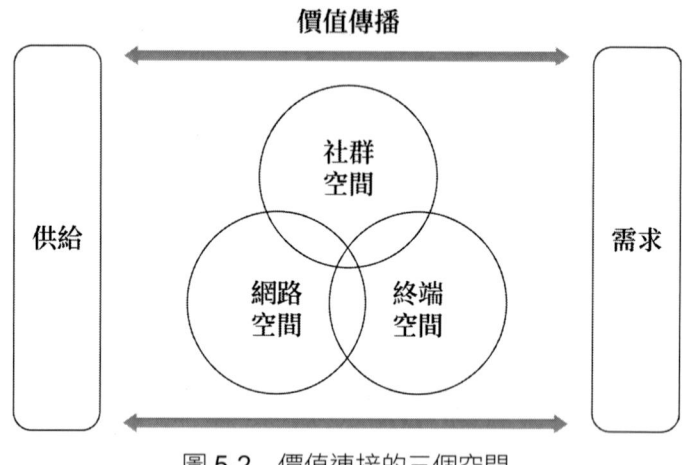

第五章　價值網：超級單兵不是單打獨鬥

```
                    價值傳播
         ┌──────────────────────┐
    ┌──┐ │        社群           │ ┌──┐
    │  │ │        空間           │ │  │
    │供│ │   網路       終端     │ │需│
    │給│ │   空間       空間     │ │求│
    │  │ │                      │ │  │
    └──┘ └──────────────────────┘ └──┘
```

圖 5-2　價值連接的三個空間

你可能會說，我不是自媒體，也不是內容創作者，更不想當什麼網紅。的確，我們並不鼓勵所有人做自媒體。這裡所指的「內容」，不一定是出書或拍多專業的影片。你在社群媒體上喊話、朋友群組裡晒自拍、幫同事的朋友按讚、在群組裡聊天、在飯局說一段祝賀詞⋯⋯這些都是「內容」。所有這些展現的「內容」背後，其實都能傳播你的價值主張。

所以，傳遞「有價值的內容」就能夠啟用三個空間。我們需要三類有價值的內容，來一步步打通這三個空間，讓更多優質的資源進入你的價值網中。

第一類，輕內容。

所謂「輕內容」，就是你不需要多專業，自己就能輕鬆展現的內容。

比如，在朋友群組裡聊工作的狀態，在同學群組裡分享有價值的行業文章，還有旅行的見聞、生活的感悟，這些輕鬆轉發或簡單編輯就能展現的，都是輕內容。

你有沒有想過，短短140字或一張圖片，其實就是你自己的一則廣告？你有沒有想過，給人的一條評論，還可以拉近距離，甚至可能會帶來意想不到的機會？

有一次，我在機場接客戶時，偶然認識了一位電視臺記者。他常常在朋友群組裡傳送新聞和背後的故事，我也積極留言和按讚。自從機場一面之緣後，我們再也沒有見過，也沒吃過一頓飯，甚至沒有私訊聊天過。

突然有一天，他邀請我為電視臺的專題節目做翻譯。就這樣，他幫我開啟了與電視臺的合作。在南北韓高峰會、美國－北韓高峰會等重要的歷史時刻，當我的名字出現在電視臺螢幕上時，我感慨，認真評論朋友群組的內容，傳播我的價值和價值主張，竟然還能為自己創造機會。

所以，請你不要浪費每一則朋友群的留言，基於你的「特質標籤」，展現你的「價值主張」，讓世界知道你的個人品牌，你會有意想不到的收穫。

第二類，附著內容。

附著內容，就是針對某些特定的目標人群，展現與你自己的某種產品和服務相關的、具有附著力的內容。

第五章　價值網：超級單兵不是單打獨鬥

比如，針對年輕人的新白酒品牌，主打年輕時尚的白酒文化，它圍繞這個價值主張的主題，傳播具有附著力的故事、廣告、短影片來彰顯內容。

個體也能透過附著內容銷售自己。比如，工作面試就是一個銷售自己的場景，如何講好自己的人生故事，才能讓對方用更高價聘請你？想要升遷加薪，如何在工作匯報中，講好創造業績的故事，讓公司主動幫你升遷加薪？創業融資展示活動時，如何講好創業的情懷和產品的故事來打動投資人？這些，其實都是附著內容。

所以，想要獲得特定人群的連接，請你展示能夠打動他們的附著內容。

第三類，專業內容。

專業內容，哪怕不附著於產品，本身也可以成為一種可傳播、可販賣的產品。

比如，我的線上課程《學得會的老闆思維》就是一個專業內容。我們在各大網路平臺推廣傳播後，不僅在網路空間販賣課程，線上、線下的終端空間裡，各個地區的讀書會還邀請我去線下分享並販賣同名書籍，一些職場成長類社群，也邀請我開直播，還延伸出諮詢方案。我們暫且不談收入，透過一個專業內容，打通了網路空間，帶動社群空間和終端空間，的確提高了我的知名度，放大和變現了我的價值。

在越來越多的領域裡，展現專業內容就是一種職業，也是一種可販賣的能力。比如，某堅果零食企業就有一個創意設計平臺，在這個平臺內部，就形成了市場機制，設計師透過展現專業設計作品，在平臺進行交易，賺取收入。

超級單兵在某個細分領域不僅要做到專業，還需要整理、提煉成專業內容。

所以，讓世界知道你的專業，購買你的專業吧！

▋ 網：高位能價值網

不管是點到點連成線，還是打通更大的空間面，其實最終的目的就是打造高位能的「價值網」。

位能（potential energy），就是價值網中的潛在能量。透過價值傳播，能不能真正放大價值、價值變現，要看價值網位能的高低。因此，當我們投入時間、精力和資源去構建及管理價值網時，要盡可能地讓價值網的位能最大化。

先讓我們看看是什麼影響了價值網的位能，以下是價值網位能公式。

位能 = 自身價值 × 傳播係數 × 轉化係數

從這個位能公式中不難看出，如果想獲得更大位能，就要從自身價值、傳播係數、轉化係數入手，提高其中至少一個及以上的變數。當你遇到新的、可能成為價值網中某類角色的人

第五章　價值網：超級單兵不是單打獨鬥

或團隊時，也可以利用這個公式來初步判斷。

從自己的視角出發，如何提高這三個變數呢？

第一，提升自己，提高自身價值。

自身價值是最為基礎的基數。

自身價值的基礎不夠，不僅影響自己的價值網位能，在其他人的價值網中，你也占據不了重要角色。因此，需要尋找一切機會提升自己，持續提高自身的價值。

一位母嬰電商的創辦人分享過一個故事。一個年輕女生原本只是新來的助理。有一天，老闆在她筆記本裡看到她記了 1,000 多個密密麻麻的產品資訊和賣點，就讓她嘗試做一次直播。平時就好好做功課的她信手拈來，這場直播銷售了 100 多萬元。入職半年，她就得到晉升，薪資翻番。這個助理的成長，就是在環境中主動自我成長、增加自身價值的良好案例。

在職場中，「自身價值」除了實力價值，他人的「感知價值」也會影響自身價值的高低。比如，很多人介紹我時，常常會這樣說：「小蘭曾經當過美國前總統老布希（George H. W. Bush）的翻譯。」其實，老布希與我並沒有多深的關係，但這就會影響別人對我的感知價值，也會定位價值的高度。這在初次認識切入時非常有效。

所以，「自身價值」一部分是你自己的實力價值，另一部分是別人的感知價值，也就是別人對你的評價。兩者加起來，構

成你最終的「自身價值」。

第二，以點帶面，提高傳播係數。

找到那個能夠幫助你提高傳播係數的人和平臺，以點帶面。

洪會長對我而言，就是一位提高傳播係數的人。我曾在一次講課中認識了這位某國際貿易協會的會長，該組織在全球 167 個國家有分支機構。

洪會長邀請我在他們的論壇中做一次演講，但跟我說預算有限，酬勞不多。我欣然接受了邀請，而且非常重視這一場演講。因為我知道一旦突破他這一關，有可能撬開更大的市場。那一次演講非常成功，後來透過洪會長的推薦，我不僅一次性簽下了十多個城市巡迴演講，還打開了韓國、日本等新市場。

這就是以點帶面，提高了傳播係數。如果你遇到這樣的人，請不要計較一時的得失，因為在這些人和平臺上，你要獲得的是更重要的傳播價值。

第三，提高轉化係數。

轉化係數，就是對方是否能夠幫助你創造合作、價值交換和變現的機會。

多年前，我曾為一家企業做談判翻譯。我提前把專案情況、對方背景、談判條款進行了全面了解。在談判時，我還在雙方僵持時助攻突破，達成共識。

會後，總經理叫我到辦公室：「我看妳不僅翻譯得好，竟然

第五章　價值網：超級單兵不是單打獨鬥

還很熟悉我們的業務情況，聽說妳還是諮詢顧問？」後來，他把我推薦給他的客戶，我拿下了一個人力資源顧問專案。這就直接轉化到專案合作了。

雖然我並不提倡以功利心來與他人連結，但有意識地用職業的態度和專業的能力為他人創造價值並建立信任，當有機會時，就能更快速地促成交易。

如今的數位化時代，越來越活躍的網路超級平臺是促進傳播、促進轉化的重要陣地，但要注意的是，不要盲目追逐流量、數量，而是應該選擇提高轉化係數好的資源平臺。

當理解了如何讓價值網位能最大化的三個關鍵變數，你就能知道，自己想要做一件事時，該與誰連接，才能快速突破。

以我自己為例，在剛開始轉型做培訓時，沒有人找我講課，我是如何突破的呢？首先，提高「自身價值」，找老師學習、考取專業證照來儲備能力。其次，抓住提高傳播係數的機會。比如，我以人力資源專家的身分參加電視節目，傳播個人品牌的定位，也一下子提高了知名度。再者，我沒有一個客戶一個客戶去找，而是對接講師經紀和培訓機構，便能更高效能地提高轉化係數。有了實力的增強、傳播的加持、課程的轉化，我就順利完成了轉型。

自身價值、傳播係數、轉化係數這三個關鍵變數，不僅能幫你從自身的角度找到提高位能的推手，還可以作為篩選價值網角色的評判標準。哪個人、哪個組織、哪個平臺擁有提高三

04 從點到網打造「價值網」

個變數的資源能力,你就應該投入更多精力去打通連接關係。

最後,以英國詩人約翰‧多恩(John Donne)的〈沒有人是一座孤島〉作為本章的小結。

沒有誰是一座孤島,

在大海裡獨踞;

每個人都像一塊小小的泥土,

連接成整個陸地。

如果有一塊泥土被海水沖刷,

歐洲就會失去一角,

這如同一座山岬,

也如同一座莊園,

無論是你的還是你朋友的。

無論誰死了,

都是我的一部分在死去,

因為我包含在人類這個概念裡。

因此,

不要問喪鐘為誰而鳴,

喪鐘為你而鳴。

超級單兵,也不是一座孤島,單兵也並非單兵作戰。你是價值網的一部分,價值網也是你的一部分,共創、共生,甚至

第五章　價值網：超級單兵不是單打獨鬥

共死。在人類龐大的價值網中，建構你自己的小價值網，不該只是為了自己的生存，而是藉助力量，完成利他的使命。

05 重點筆記

價值網：創造價值、放大價值、價值變現的生存結構。

價值網的四類角色：客戶、供應商、補充者、競爭者。

■ **價值網的核心價值**：

- 孵化能力，形成生存內循環；
- 併購能力，形成槓桿效應；
- 刷新能力，形成迭代效應。

■ **拿什麼建構價值網**：

- 以雙贏價值，連接客戶；
- 以互補價值，連接供應商；
- 以獨特價值，超越競爭者；
- 以未來價值，連接補充者。

■ **建構自己的價值網**：

- 點：打造個人品牌；
- 線：打通供需連接；

- 面：建構連接空間；
- 網：高位能價值網。

> **推薦閱讀**
>
> 施煒，《連接：顧客價值時代的行銷戰略》，北京，中國人民大學出版社，2018。
>
> ［美］斯坦利・麥克里斯特爾（General Stanley McChrystal）等，《賦能：打造應對不確定性的敏捷團隊》(Team of Teams: New Rules of Engagement for a Complex World)，林爽喆譯，北京，中信出版社，2017。
>
> 李雲龍、王茜，《增長思維》，北京，中信出版社，2019。

第五章 價值網：超級單兵不是單打獨鬥

第六章
抗風險：以內控戰勝脆弱

> 你願或不願，風險定在那裡，無處不在，不離不棄
> 你怕或不怕，風險亦在那裡，只有接納，只有敬畏
> 你見或不見，風險就在那裡，小到塵埃，大到世界
> 你備或不備，未來會在那裡，向死而生，乘風破浪

2020年，突如其來的新冠肺炎疫情是不是打亂了你工作、生活的各種計畫？我看到周圍很多公司在裁員，甚至破產倒閉。新冠病毒也好，金融危機也罷，未來各種不確定性，將會變成生存的常態，我們需要戰勝不確定性帶來的風險，進化為一種反脆弱的超級單兵，那就需要強大的抗風險能力。

「風險」一詞，源於遠古時期以打魚捕撈維生的漁民們。每次他們出海前，都要祈求神靈保佑，在出海時風平浪靜、滿載而歸。他們在長期的捕撈中，深深體會到「風」帶來的危險，他們意識到，出海打魚捕撈的生活中，「風」即意味著「險」，因此有了「風險」這個詞。

現代意義上的「風險」，指「在波動的環境中，未來結果的

第六章　抗風險：以內控戰勝脆弱

不確定性或損失」。

大到國家、組織，小到個體，抗風險能力都是確保在波動的環境中得以持續生存的必備前提。即便你衝得再猛，爬得再高，有可能一個風險，就讓你之前所有的努力都付諸東流，爬得越高，摔得越慘。

投資中，抗風險指的是基於對未來市場波動的預測，做出最佳資本增值和可控損失的好決策。企業經營中，抗風險指的是針對經營環境的變化，透過商業模式和管理機制，提高企業應對危機的能力，確保可持續經營。

那麼，超級單兵自己又該如何駕馭波動的「風」，如何應對未來的「險」？

風會熄滅蠟燭，卻也能使火越燒越旺。如果真正好好利用風，能夠掌握管控的方法，就能化險為夷。

所以，想要成為超級單兵，就要幫自己安裝「風險內控系統」。

01　超級單兵的「風險內控系統」

風險內控系統，擁有動態監測潛在風險、從容應對風險、系統管控風險的系統能力。

超級單兵的「風險內控系統」，由三個子系統構成。

01 超級單兵的「風險內控系統」

第一，心智系統。

你是如何對待「風險」的呢?

面對風險,人們會啟動不同的心智模式。在不同心智模式下,會產生不同情緒和應對行為。比如,通常很多人因恐懼風險,產生焦慮、無力的情緒,就想逃避風險。如何與這些情緒相處,採用什麼樣的應對態度,是否能夠扛得過黑暗時刻,就需要心智系統的支撐力量。這種力量叫作「心力」。

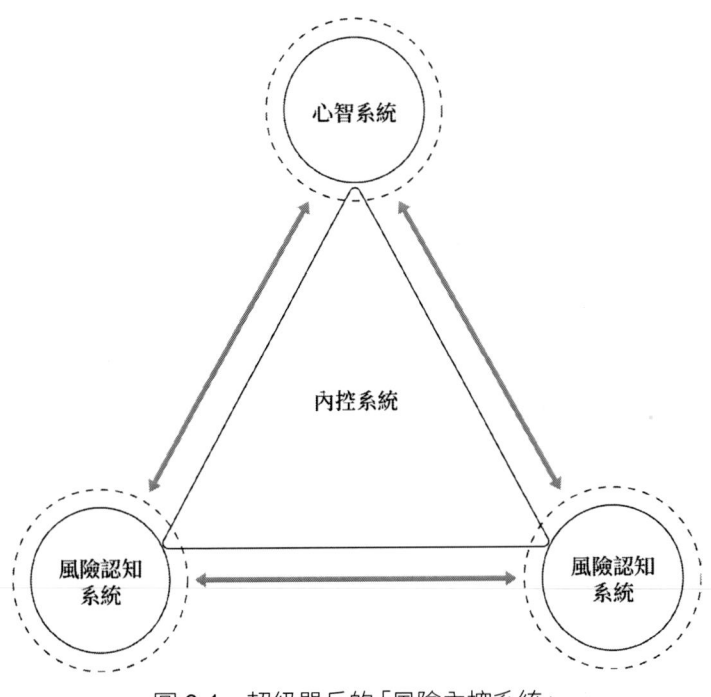

圖 6-1 超級單兵的「風險內控系統」

有強大心力的支撐,是抗風險必備的基礎。

第六章　抗風險：以內控戰勝脆弱

第二，風險認知系統。

你是否能夠提前發現潛在風險呢？

雖然我們無法預測所有風險，也屢遭那些「黑天鵝」或「灰犀牛」的影響，但如果盡可能掌握風險出現的規律，提前辨識潛在風險及其影響，這些認知就能幫助我們提前布局應對策略。

越早、越正確地辨識風險，其實就已經降低一大半損失。

第三，風險管控系統。

辨識到了風險，你有沒有能力管控好這些風險呢？

如果辨識到風險，那麼將那些風險扼殺在搖籃裡就好了。對於那些未知的風險，需要提前監測並設定防禦機制。透過提前布局，盡可能控制和降低風險帶來的損失，甚至轉危為安，或者轉危為機。

提前對損失做好緩解方案的準備，可以保留實力，重新啟動。

超級單兵的風險內控系統具有如下三個特點：

特點一，系統的整體性。

風險內控系統是一個整體系統，單一子系統無法讓人擁有完整的抗風險能力。

比如，光有盲目的信心卻沒有正確應對方法的人，始終解決不了風險帶來的危機。又或者，即便預測到風險，但沒有強大的內心力量，也無法堅韌地挺過危機。

所以，超級單兵需要系統性應對風險，提前布局各個子系統的支撐能力。

特點二，子系統之間的關聯性。

心智系統、風險認知系統和風險管控系統這三個子系統是相互連結的，也會相互影響，相互作用。

比如，有些人因為對風險的認知不足，就會產生焦慮的心態，而負面的心態，會影響應對風險的行為方式。還有些人是因為沒有提前做好風險管控的準備，導致真遇到風險時，心智系統一下子崩潰。

因此，不管從哪個子系統切入，都可以透過子系統之間的關聯性，讓整個系統升級，變得更加強大。

特點三，風險承受度的變化性。

風險內控系統對風險承受度是可以升級或減弱的。

當你第一次遇到某種風險，踩過一次地雷後，無論是對待同類問題的心態，還是以後對此類風險的敏感度及應對方法，都會有所變化。正向變化的人，風險承受度會逐步提高，下一次應對同樣問題時，就能更加自如地解決，避免損失。相反，負向變化的人，一朝被蛇咬，十年怕草繩。一次或多次脆弱的經歷，會造成對風險變得更加敏感，選擇迴避，不去突破，風險承受度反而會變低。

所以，想要成為超級單兵，就要擴大三個子系統的風險承

第六章　抗風險：以內控戰勝脆弱

受能力。當然，隨著超級單兵的成長，承擔更大的責任時，需要承受的風險級別也不是同一個量級。世界級公司要考量的風險，是全球性的政治、貿易、金融體系等變數，而一個員工面對的風險，可能是失業、競爭的風險。

了解了風險內控系統的構成和特點，其實你就會明白為什麼我們會如此脆弱。因為，哪一個子系統的缺失或承受度不夠強大，都會導致抗風險能力下降。

02　為什麼我們都如此脆弱

2020 年 4 月 1 日，這一天我連續接到了三通諮詢電話，我多麼希望那都是愚人節的玩笑，但聽到的卻都是脆弱的真實。

第一個來電者是我的學員大強。在一家大型企業工作的他，雖然賺得不算多，但畢業到現在 20 多年，一直在這家企業。期間也曾有過多次跳槽機會，但他總是說：「外面風險大，在這裡工作很舒服。」但舒服的日子終歸未能長久，企業經營走下坡，年輕人才湧上來，年前他就被裁員了。更因疫情的關係，他遲遲未能找到新工作。電話那頭的聲音，讓我聽到了一個大男人的無力、迷茫，甚至絕望。

我雖然安慰他一定會有更好的工作等著他，但我明白，現在這樣的經濟環境下，像他這樣 40 多歲的普通員工，要找到一

份好工作，希望很渺茫。

第二通電話是一家製造業上市公司的董事長宋總打來的，來顧問公司的裁員方案。他們面臨 20 多億元的負債，無奈地開始變賣資產和抵押股權來融資，在現金流不足的情況下，只能裁員節省成本。「我真的很對不起這群跟了我多年的兄弟們。」壓力、愧疚、焦慮都在他已不再強勢的言語和沉默中。

第三通電話是父親打來的。父親退休後這幾年投資的專案都不成功，不僅把自己前半生的積蓄都賠進去了，還想要我幫他追加資金、繼續經營。因為疫情，我的現金流也大受影響，而且我認為他的專案風險過高，再追加資金會是無底洞，希望他停損。我們對風險的判斷有嚴重的意見分歧，未能達成共識，結束了通話。

為什麼，為什麼我們都如此脆弱？

求穩定的大強，已經成功了的宋總，走下坡路卻不回頭的老爸……其實他們也是大多數人的縮影。對不確定性的無知，對風險的恐懼，讓我們選擇了不同的應對模式，但仍然誰都逃不過風險的掌心。

通常，面對未來不確定的風險，大部分人會啟動三種心智模式：

第一類，溫水模式，逃避風險。

求穩定的大強就是把自己放入溫水中。你自己，或周圍的

第六章　抗風險：以內控戰勝脆弱

朋友，是不是也有很多「求穩定的大強」？很多父母也希望子女能找一份安穩的工作。可就算像大強那樣穩定工作了 20 多年，看起來規避了風險，但實際上是讓自己埋下未來更大的風險，當意識到時，一直在溫水中的人早已喪失了在野外生存的能力。

其實，讓我們脆弱的，並不是風險本身，而是逃避風險時不知不覺中退化了的生存能力造成的。

請小心一個叫「穩定」的炸彈，早晚會把你推向職業斷崖的深淵。

想成為超級單兵，就要早早認清這個殘酷的事實，我們根本無法消滅風險、逃避風險，它會伴隨著整個人生旅程，早晚都會出現。我們能做的就是與風險共存，接納它，甚至利用它，不斷鍛鍊和進化自己的生存能力。

第二類，高速模式，小看風險。

快速成功的宋總就是這類典型。他創業幾年就讓公司上市了，獲得成功、進入高速模式後，認為可以開足馬力往前衝了。他的企業在沒有建構好品質管理和研發能力的基礎上，冒險投入、快速擴張，也大膽做一些風險更大的大方案。疫情期間停工，讓他遭受巨大損失，但即使沒有疫情，他的激進也已經埋下了風險隱患。因為在高速前進中，一個小釘子就能讓一輛跑車翻車。

有時候，讓我們脆弱的，並不是沒有生存能力，而是自己

有「風險盲點」，過度地不畏懼風險。

所以，請小心一個叫「自負」的毒藥，你以為的能力，或許只是踩對了節拍的運氣。

想要成為超級單兵，就要在每一次出發時都帶著安全意識，控制節奏、控制風險地奔跑，才能跑得更長久，不釀成大損失。

第三類，跌落模式，放大風險。

專案失敗還不回頭的我的父親，就是這類典型。在失敗面前，他很想贏一次大的來翻身。他總說：「高風險、高獲利。沒膽量擔風險，怎麼會成功呢？」殊不知，「高風險、高獲利」其實是一種錯誤的認知，高風險往往伴隨的是更大的損失。

原來，讓我們脆弱的，並不是看不見風險，真正將自己推向更大深淵的，是沒有系統管控能力的、不理智的自己，讓風險越滾越大。

著名投資人、黑石集團（Blackstone Group）董事長蘇世民（Stephen A. Schwarzman）在他的《蘇世民：我的經驗與教訓》（*What it takes Lessons in the Pursuit of Excellence*）一書中說：「投資的首要原則是：不——要——賠——錢！」原來，越是能人，越會長期、理性、系統性地管控風險。

誰都有走下坡路的時候，這時對抗脆弱的並不是所謂堅忍不拔地在不正確的決策上追加賭注，而是懂得及時撤退，控制

風險帶來的損失。

無論上坡還是下坡，風險就在那裡，無處不在；

無論你願不願意，風險就在那裡，不離不棄；

要麼現在要麼未來，風險就在那裡，無時不有。

「接納風險、敬畏風險、管控風險」，才是超級單兵抗風險的正確方式。

03 如何辨識80%的潛在風險

「如果知道我會死在哪裡，那我將永遠不去那個地方。」投資家查理・蒙格這樣道出自己對風險的理解。就如他所說的那樣，如果我們知道風險在哪裡，我們就不會去踩那個地雷，至少也能控制損失。當然，每個人具體情況不同，面臨的風險也各不相同，這裡很難像諮詢個案那樣預測具體風險，所以分享幾個辨識風險的常用分析方法。這些方法可以通用於大部分人可能會面臨的80%的風險，至於具體個案的情況，還是得具體分析。

第一，從財務視角，監測財務風險。

財務情況，是反映你經濟現狀及未來潛在風險的最為直接的視窗。

03 如何辨識 80%的潛在風險

在我人生的谷底時期，曾經也經歷過財務風險。我在最窘迫的時候，手裡只剩下 2,000 元，那時我並沒有固定薪資，都不知道下個月該怎麼吃飯。為了盡快賺更多的錢，我借款 500 萬，投資到高風險的股票基金上。我完全無視財務成本，一心只想快點從財務危機中擺脫出來，直到承受很高利息時，我才發現在償債能力不足的情況下，負債過高，加上高風險的投資組合，這其實是很危險的。

雖然每個人情況各不相同，但通常可以從財務金三角，即流動性、營利性、成長性等三個方面看看自己的現狀，也能監測到潛在風險。

▋流動性風險

流動性風險，就是你的資金供給無法滿足資金的需求而導致的風險。翻譯成白話，就是你手裡的錢足夠周轉嗎？比如，如果你手裡有一間房產，你抵押了房產，從銀行貸款一些現金去消費，但如果這個負債太多，你賺錢的速度不夠，也就是「負債率」過高，就會很危險。

再比如，你手裡有一間房產，當你想把它賣出去變成現金，去還你生意所欠的負債，但房產作為不動產，遲遲賣不出去，也是會遇到流動性風險。

還要警惕的是，雖然現代社會大家都在使用銀行貸款、信用卡等提前消費的工具，但千萬不能忽視這些都是有利息成本

223

的,甚至有些人為了周轉,還會去找利息更高的民間借貸,這些都是很危險的。

我當時就是抵押房產、負債過高,賺錢速度跟不上付利息和本金的速度,所以出現流動性風險。

◼ 營利性風險

營利性風險,就是你賺的錢沒有剩餘的利潤導致的風險,也就是你能存得了錢嗎?

首先,要看「現金流」。就個人而言,現金流就是你是不是每個月都有收入來源?如果沒有工作,或收入不穩定,也就意味著現金流不穩定。

其次,看「利潤」。「個人利潤 = 收入 - 支出」,簡單來說,就是比如你一年賺了 50 萬,消費支出 20 萬,存下的 30 萬就是你的利潤。那麼,你現在所從事的主要工作,是不是保證每年都能留存你自己定下的利潤額目標呢?

如果你收入還不錯,意味著現金流狀況不錯,但同時如果你能留存的利潤較低,甚至倒掛,你的財富就永遠無法增值。這時,你就要盤點一下,是因為自己的錢花在不必要的消費上,比如購買奢侈品、換新車之類的呢?還是因為投資到未來發展的部分,導致暫時性的利潤低。

美國一項追蹤研究發現,財富自由的富人有兩個共同點:一方面,確保持續的現金流,也就是收入;另一方面,投資理

財，不會盲目奢侈消費，更願意把留存的利潤投資到理財、教育、健康等影響未來的事項上。

■ 成長性風險

成長性風險，就是未來沒有或減少收益導致的風險。也就是你目前的資產和收入，未來還有沒有成長空間？

首先，收入的成長。你的薪資今年沒有漲，但整體行業或同一職位收入水準平均增加了 8%～10%，那你就要警惕了。是因為你選擇的這個賽道或公司走下坡了呢？還是你自己的成長速度沒有跟上呢？

其次，資產的增值。你的房子、黃金等資產有沒有增值空間？如果沒有那麼大的增值空間，該什麼時候拋售？如果你覺得還有增值空間，那該什麼時候再買進？應該持有哪些區域的資產，拋售哪些區域的資產？

最後，投資收益的成長。你是否每年都增加一定額度的理財和投資的投入？包括股票、基金等，你的投資收入是否能夠確保達到每年的獲利目標？

如果你個人財富收益的成長開始出現減緩，甚至出現負成長，就要思考如何對沖風險，或轉移、撤退去開闢新的成長空間。

你可能會問，這些是不是需要做像企業一樣複雜的財務報表？曾經，我們家的確有過財務報表。我們每年都會做大致的預算，把每個月的收支情況做成月報，到了年底，有年報。我

第六章　抗風險：以內控戰勝脆弱

們家也有三大報表，資產負債表、投資損益表、現金流量表。如果有單獨的項目，比如買房子裝修等，就單獨做專案預算和開支的報表。但這個前提是我先生是學財務管理的。

對財務管理並不太擅長的我而言，沒有辦法像先生那樣輕鬆搞定財務報表，所以我就利用記帳等手機應用軟體及銀行給的數據，大致掌握自己的收支情況和理財情況。

不管用什麼工具記帳，最重要的核心，就是你需要始終帶著「流動性、收益性、成長性」這三個風險意識去監測你的財務情況。

我經歷了人生中的幾次財務風險之後，改變了自己的獲利模式、消費習慣和理財組合，從 2,000 元存款的狀態，兩年內，實現了人生第一個 200 萬存款。你會發現，財務風險不僅僅是提醒你賺更多的錢，背後更展現出你的生活法中存在的潛在風險。

動態矯正導致風險的模式，才能讓你賺的錢真正累積成為你的財富。

第二，從流程視角，拆分基本要素。

要素拆分法，指的是把構成一個事物或一件事務的基本要素拆解下來，分模組整理出哪些會存在潛在風險。好比整臺車看不出有什麼隱患，就把零件卸下來，按模組或按流程檢查，就能發現風險。

在職場上，我們所要完成的工作，通常都可以用「流程」來拆分監測。

舉個例子，圖 6-2 是一家以做海外巡迴燈展為核心業務的 T 公司的市場拓展流程圖。如果你是這家公司市場拓展工作的負責人，這個流程不僅可以整理你的團隊應該做什麼、在哪個環節安排人力，同時很重要的一個價值，是提醒你哪個環節可能會存在風險要素。

比如，最前端的市場開發環節中，你的市場開發策略是否符合客戶的需求，以及公司競爭策略的要求？是否存在方向性錯誤的可能性？合作意向評審環節，內部評審的指標是否可能會有遺漏？合約談判環節，合約哪些條款不利？對方有沒有違約風險？在需求交代環節，是否存在交代過程不夠精準、會變形的風險？

你會發現，每個流程環節本身以及流程之間的連接，都有可能存在風險。如果你是管理者，你需要管控最為關鍵的環節，多設一道防線，並提前做好應對的預備方案，透過抓重點和布局好團隊，來掌控整體風險。

即使你只是負責其中一環流程的團隊成員，當了解了整體流程，你就能更加明確地理解你這個角色在整個流程中應該創造什麼價值。理解了工作的角色和目的，才不會僅簡單執行某個動作指令，而是主動思考應該如何完成好這個環節的工作，不出現任何風險。

第六章 抗風險：以內控戰勝脆弱

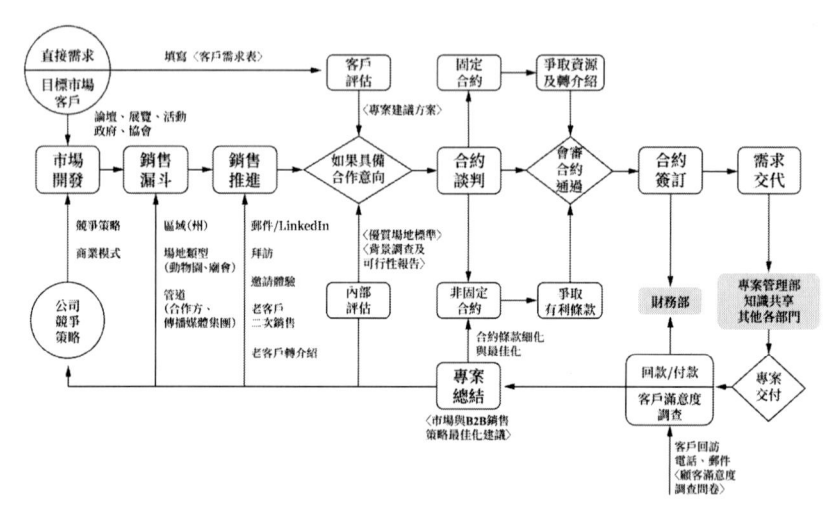

圖 6-2 T公司市場拓展流程

所以，想要成為超級單兵，不僅要關注自己所負責的流程，更要放大你的視角，從更大的範疇審視自己的工作以及潛在的風險。

讓我們一起來放大視角，從公司整體的視角來看一個案例。

圖 6-3 是某晶片 IC 設計公司整體組織的協同流程。橫向，是組成公司的要素模組；縱向，是核心價值和主要業務活動。這張圖如一盤棋，能盤點出哪些環節是公司薄弱的部分。

這家公司品質控制的部分經常出現一些小漏洞。看起來不致命，也只是偶爾出現一、兩件客戶投訴，馬上可以解決。但我們意識到這個潛在風險，後面一定會影響客戶滿意度，乃至品牌聲譽，從而影響未來市場。發現了這個潛在風險，我們立

03 如何辨識 80%的潛在風險

即調整品質管理部負責人,還邀請專業機構重新整理品質管理體系。

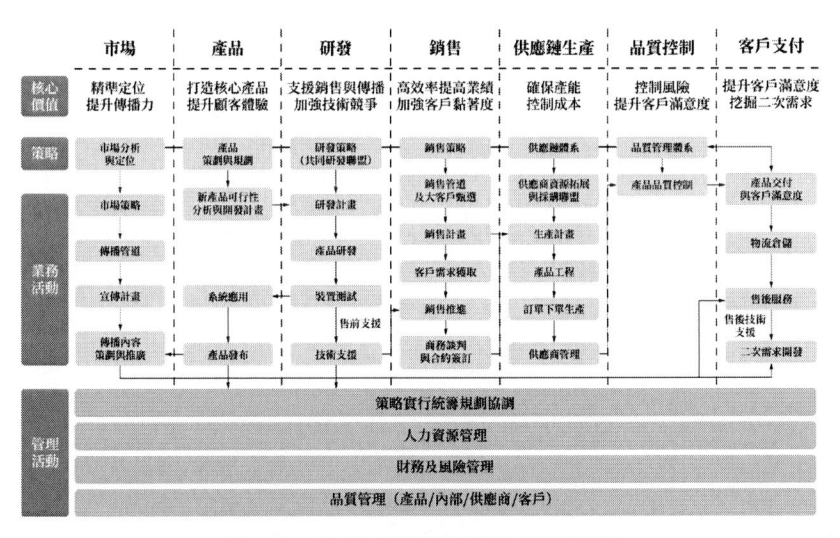

	市場	產品	研發	銷售	供應鏈生產	品質控制	客戶支付
核心價值	精準定位 提升傳播力	打造核心產品 提升顧客體驗	支援銷售與傳播 加強技術競爭	高效率提高業績 加強客戶黏著度	確保產能 控制成本	控制風險 提升客戶滿意度	提升客戶滿意度 挖掘二次需求
策略	市場分析與定位 市場策略 傳播通道 宣傳計畫 傳播內容策劃與推廣	產品策劃與規劃 新產品可行性分析與開發計畫 系統應用 產品發布	研發策略 (共同研發聯盟) 研發計畫 產品研發 裝置測試 售前支援 技術支援	銷售策略 銷售管道及大客戶甄選 銷售計畫 客戶需求獲取 銷售推進 商務談判與合約簽訂	供應鏈體系 供應商資源拓展與採購鏈 生產計畫 產品工程 訂單下單生產 供應商管理	品質管理體系 產品品質控制	產品交付與客戶滿意度 物流倉儲 售後服務 售後技術支援 二次需求開發
管理活動	策略實行統籌規劃協調							
	人力資源管理							
	財務及風險管理							
	品質管理(產品/內部/供應商/客戶)							

圖 6-3　某公司整體組織的協同流程

當然,從組織層面上分解和審視我們自己的工作,在拆分方法上不限於此,還有其他拆分方式。但要素拆分法的底層邏輯是要掌握關鍵點。

一是放大視角。想要成為超級單兵,需要刻意把自己放到更高職位的視角去看問題。比如,如果你只是一名基層員工,就要開始從部門層面發現問題;如果你已經是部門管理者,就要從所屬的事業部或整個公司層面看問題,掌控風險,而不僅僅是關注自己的有限空間。

二是全面視角。當面對複雜組織、複雜問題,學會拆分基

第六章　抗風險：以內控戰勝脆弱

本組成要素，盤點各要素中所存在的風險，就能全面地監測潛在風險。

有了更放大、更全面的視角，相信在成為超級單兵的路上，你能避免很多窘境。

第三，從利益相關者視角，分析利害關係。

前面從財務層面和流程層面看到的都是「事」層面的風險，但現實中推進事情時，還有一類絕對不能忽視的風險，就是「人」造成的障礙風險。

首先，從內部視角來看，你想推行的事情，你的上司、所在團隊成員、相關部門的同事是不是都會積極配合你？

比如，我的一個企業客戶的人力資源經理 Helen 就遇過內部阻礙。她本想引進我們的領導力培訓專案到所在公司。但她的上司認為我們的培訓專案報價有點貴，不太支持她推行；她的同事覺得沒必要更換新的培訓供應商；業務部門覺得過去做的領導力課程沒什麼效果，也不怎麼支持她。引進領導力培訓課程、提高領導者效能，本是一件對公司好的事情，但在這些內部人士的反對和不配合的情況下，她若硬推行這個專案，顯然存在風險。

所以，身為員工或中階管理者，在推行對的事時，與上級、同事、下屬先達成共識，是一件非常重要的、減少風險的必要動作。

03 如何辨識 80% 的潛在風險

如果你是創業者，內部的合夥人關係也是關乎成敗的潛在風險點。創業者早期用熱情和情懷捆綁，未能設計好股權和利益分配機制，埋下很多隱患。甚至創辦人家庭內部關係也可能會影響公司名譽和發展。比如，某影音獨角獸公司曾因創辦人夫妻鬧離婚錯過上市機會，某網路公司因夫妻公開對罵導致聲譽受損，這樣的例子比比皆是。

其次，從外部角度來看，不管是合作者、客戶還是競爭者，不管初期你們的合作多麼愉快，依然在不同發展階段都有可能存在風險。

比如，我的企業客戶的設計部經理 Kevin 就曾因為和外部合作的設計師產生衝突，未能按客戶的要求交付設計方案，讓公司蒙受損失。Kevin 接到客戶的需求，直接外包給曾用過的設計師，覺得應該沒問題。但在過程中，他並沒有認真管控好外部設計師的進度、品質，也沒有透過更好的溝通和激勵，讓外部合作夥伴能夠交付符合期待的結果。最後，外部設計師因過多的反覆修改要求，又沒增加設計費，而與 Kevin 產生衝突，快到最後時刻，搞砸了這個專案，連補救都來不及。

外部的合作夥伴尚且如此，競爭者更是會有意無意地為你製造風險。

所以，總而言之，在推動重要事情時，最好提前以內部和外部利益相關者的視角審視，看看對他們有哪些利和害，充分

第六章 抗風險：以內控戰勝脆弱

進行必要的溝通，並從情緒上、管理機制上、法律上提前做好預備方案，以避免風險造成的損失。

第四，從未來視角，感知可能的失敗。

某讀書會創辦人曾分享過，他們公司定期會做這樣的討論，高階管理人們一起腦力激盪，回答一個問題：「假設我們公司倒了，你覺得可能會是什麼時候？因為什麼問題而倒掉呢？」

這種方法，就像你試想自己坐了時間機器，到「未來」去做復盤，找到失敗的原因，就能夠在「現在」解除那個風險。

除了前面從財務視角、流程視角、利益相關者視角的理性方法，我們還可以感知自己的「直覺」。人們有時對風險的感知是與生俱來的。你甚至說不上來有什麼具體問題，但就是有預感，覺得這麼做會有危險，會失敗，會死亡。有時候，聽從自己內心的聲音，也不失為一種規避風險的方法。

我們要學習別人失敗的故事。別人都是怎麼「死」的？如果多看和學習別人失敗的故事及案例，當你面臨危險時，可能就會第一時間有所感知。

上述的四種監測風險的方法，其實背後有一個共同的思維方式，那就是「轉換標準看世界」。要麼「縮小」，要麼「放大」。

在發現風險的標準上，超級單兵需要「縮小」，將複雜的團隊和龐大的工作問題，都拆分到最小單元，把每個要素、細節，做到足夠安全、極致。

在理解風險的標準上，超級單兵需要「放大」，從「我」放大到「我們」；空間標準從「狹窄小範圍」放大到「整個企業、甚至行業」；時間標準從「眼下」拉長到「未來」，標準的放大可以幫助你更全面地理解風險。

用不同標準看世界、看問題，能夠造就超級單兵的風險辨識系統，可以更快速、更全面、更長遠地判斷風險，為下一步的管控決策提供理性的依據。

04 風險管控系統：四種通用策略

思考死亡，是為了更能好好地活著。認知風險，也是為了更能好好地管理風險。

每個人遇到的具體風險問題，無法在本書中提供解決方案，但可以在這裡分享超級單兵必備的四種通用風險管控策略。

- 控制策略：成本與收益；
- 預備策略：前線與支援；
- 撤退策略：衝鋒與撤退；
- 擔當策略：損失與補償。

第六章　抗風險：以內控戰勝脆弱

■ 控制策略：成本與收益

一本管理學相關書籍提出「反脆弱的商業結構」理念，也就是透過設計成本與收益的關係來控制風險。

個人也可以借鑑「反脆弱的商業結構」這個理念，來設計自己的收益和成本。如圖 6-4 所示，橫軸表示成本，縱軸表示收益。脆弱的結構，是成本無底線，收益卻有上限。

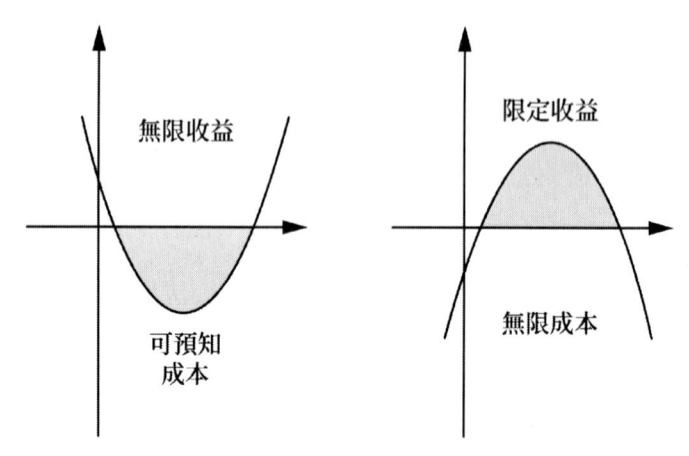

圖 6-4　成本與收益結構

很多燒錢的專案你不知道何時賺錢，但投入卻是「無底洞」。這種模式，過去可以用資本燒錢，在後疫情時代，已經不大可能重演了。相反，反脆弱的結構設計是成本有底線，收益存在無限可能。在這種結構下，即使收益沒有預期高，甚至失敗，你完全可以預知和控制一定限度的損失。

我曾參與過一個群眾募資咖啡廳的創業項目。咖啡廳的生

04 風險管控系統：四種通用策略

意看似一杯咖啡賣 80 塊，成本低、利潤高，很多女孩子也都有開咖啡店的美好幻想。但實際上，踏入深水後你才會發現，不會管控成本的咖啡廳，基本上必死無疑。從成本上看，房租、進口機器和咖啡豆、人力成本等逐年上升；但從收益上看，客流量增幅不快、門市翻桌率不高，咖啡產品本身收益有上限。所以，這家店開張時，其實已經決定了結局，外加群眾募資股東們的管理和營運機制上也存在問題，最終咖啡店在第三年就關店了。

同樣是餐飲行業，麥當勞卻從脆弱模式成功轉型到反脆弱模式。最初，麥當勞只是一家成功的速食店，第一家成功後，便不斷開第二家、第三家連鎖店。只是，這樣擴張門市數量，其實獲利空間也是有限的，成本也直線上升。

但真的就如此嗎？麥當勞的厲害之處在於，其生意除了速食，其實還有兩大部分，一是店鋪 IP 的智慧財產權，二是玩具。麥當勞的加盟費平均 800 萬元，之後還抽取加盟店營業額的 17%～23%；玩具業務上，麥當勞的銷量已然超過玩具反斗城（Toys"R"Us）和沃爾瑪（Walmart），透過全球 3.7 萬家門市，賣出超過 15 億個玩具。[06] 麥當勞已經打破了「無限成本、有限收益」的模式，拓展了「有限成本、無限收益」的更廣闊空間。

可以得出啟示，充分理解行業的成本與收益之間的結構關

---

[06] 數據來源：Nutrition Nibbies 2018 年數據。

第六章　抗風險：以內控戰勝脆弱

係，設計出能夠控制成本，同時擴大收益空間的模式，就更能控制好風險，避免無底洞的虧損。

商業如此，超級單兵個體的收入模式也是同樣的原理。比如，我過去做管理顧問時常常開玩笑說，我們為那麼多公司設計了商業模式，卻唯獨未能幫自己設計好的商業模式。我們接一個客戶的專案，通常最快要 2～3 個月才能完結，一年一個合夥人能接 4～5 個專案，已經算是非常不錯了。這時，無論如何努力，每年的收益都是有頂峰的。反而，因激烈的市場競爭，專案收益下降，而你的諮詢顧問團隊人員薪資卻逐年上升。而且，一旦我們停止工作，那麼現金流馬上就會停掉，這顯然不是一個好的收入模式。

因此，我嘗試開闢線上知識付費領域，花 3～4 個月的時間，錄製《學得會的老闆思維》線上課程產品，以及出版同名書籍，上架到各大知識平臺。最糟糕的情況下，就算這門課程沒賺到什麼錢，成本是固定的。如果大獲成功，後續收益是無可估量的，投放到市場之後，讓營運跟進就好，我也不必再繼續花時間成本。我可以去做下一個內容或下一個專案。

當然，一個新產品或一個新專案，一次嘗試不一定一下子成功，為你帶來超多倍收益。但至少，如果特意設計反脆弱的成本與收益結構，不管是創業還是在職場上，都能幫助控制風險。

04 風險管控系統：四種通用策略

請你也盤點一下，你的收入模式是不是符合控制策略的「三個確定」原則？

- **確定最大成本投入**

你最多能夠承受投入的成本是多少呢？

成本，不僅是指資金，也包括時間、精力。特別是嘗試新專案或職業轉型時，如果你能確定自己的最大成本，那自己就會知道能夠承受的底線。那麼，開始時你可以勇敢地去嘗試，就算結果不理想，也不會出現巨大損失。

- **確定最低收益來源**

你要做的事，在一定時間內，是否可以實現一定收益？

如果某個新專案在一段時間內需要承受沒有收益或收益很少的風險，那麼在你的整體收入中，是否有其他能夠確保最低保障的收入來源？

- **確定收益成長槓桿**

你正在做的事情，如果需要進一步加大投入，收益會大幅或更快速成長嗎？

如果你能確定收益成長槓桿，也就是可以四兩撥千斤的那個點，那麼你就可以把有限的資源投入到這個點上，讓收益空間變得更大。比如，下一步的成長是透過網路裂變的方式，還是透過找到更多人合作的方式，你需要確定自己的成長策略，

第六章　抗風險：以內控戰勝脆弱

來確保你的投入能帶來相應的報酬。

確定最大成本、確定最低收益、確定成長槓桿，如果能夠遵循上述原則，找到這三個關鍵點，不僅可以控制風險，甚至還可能找到更大的收益空間。

本質上，控制風險的最好方法，就是盡可能「從不確定性中找到確定」。

預備策略：前線與支援

單兵衝上前線，最怕的不是受挫，而是沒有支援。

所以，超級單兵必須預備好支援自己的預備策略。

策略一，預備水庫。

「水庫理論」是日本四大經營之神之一的松下幸之助倡導的抗風險策略。

松下幸之助認為，每家企業必定會經過經濟週期的起起伏伏。所以，企業想要抗風險，就要預備水庫，景氣好時就要為不景氣時做準備，預備充足的準備金、人才、技術等，以備不時之需。這個策略日後被另一位經營之神稻盛和夫運用在京瓷和KDDI，都大獲成功。企業能夠抗風險，穿越經濟週期，這也是很多日本企業能夠基業長青的重要原因之一。

超級單兵也要為自己提前預備水庫。比如，平時自己有不錯的收入時，就要抽出一定比例作為準備金進行理財投資。請注意，一定額度的存款和長期理財，並不是有剩餘錢時做的可有

可無的行為，而應該成為必須要養成的習慣。

你可以踐行下面的公式：

「收入－理財＝支出」，而不是「收入－支出＝理財」。

從你的收入中，先留存一定比例或一定金額的存款，轉到獨立的理財帳戶，剩餘的部分，再安排適度的消費，而不是先肆意消費，有剩餘再說。對大多數一般收入的人群而言，如果先去消費，通常不會剩下什麼餘錢能理財或投資。這樣很容易就會成為月光族、信貸族。如果突然遇到像新冠疫情這樣的危機，或有被裁員、生重病之類的變故，你的工作停擺了，你就無法度過危機的財務支撐了。

理財帳戶，就是抗風險的「預備水庫」，在現金流充足時蓄水，在危機時可以保障生活，甚至可以成為東山再起的種子資本。

策略二，槓鈴策略。

在《反脆弱》（*Antifragile: Things That Gain from Disorder*）一書中，作者納西姆・尼可拉斯・塔雷伯（Nassim Nicholas Taleb）提出了一種策略，叫「槓鈴策略」。

所謂槓鈴策略，指的是當兩個極端條件組合時，相比中庸的選擇，結果更好。

從風險角度，槓鈴策略可以理解為不把所有雞蛋放在同一個籃子裡，把風險分散。從收益角度理解，則是用兩個極端組

第六章 抗風險：以內控戰勝脆弱

合能帶來更大的收益。

比如，在投資中，運用槓鈴策略，就是一部分資金放到能夠確保基本收益、風險較小的投資中，另一部分資金則選擇收益較高、有一定風險的投資組合，而不是全部投入到風險、收益都中等的產品中。

再比如，在創業中，雖然現在大家都鼓勵創業時要義無反顧，但其實像比爾蓋茲、祖克柏、賴利・佩吉（Larry Page）等「高手」們，當年也都是運用了槓鈴策略——他們創業之初都告訴自己，如果單子拿下來就繼續做，如果拿不下來，就繼續讀書或做別的項目。這些厲害的人，在初期無一不是配置「槓鈴策略」。

所以，面對不確定性，千萬不要一下子把自己的全部資源都丟進去，這樣失敗的機率很高，更可怕的是，失敗之後元氣大傷，再想東山再起，就沒那麼容易了。

策略三，支援團隊。

超級單兵不能單兵作戰，需要預備好支援團隊來一起抗風險。

某網路金融集團CEO曾坦言，剛加入第三方支付平臺時，他就跟老婆說：「如果新公司失敗了，妳養我兩年。」可見以家庭為作戰單位，就比個人單兵作戰更能抗風險。丈夫創業風險高，妻子提供生活保障。孩子想做冒險的決定，父母援助。家人通常都是最為直接的支援團隊。

04 風險管控系統：四種通用策略

工作中，我們在第五章中所談到的「價值網」，包括客戶、供應商、合作夥伴、補充者，都有可能成為你的支援團隊。他們不僅助推超級單兵往前衝鋒，有時也可以分擔風險，在危急時刻幫助你解決難題、度過難關。這也是為什麼我們要和價值網深度連結，建立長期信任關係的原因。

針對背後的「支援團隊」，超級單兵需要做非常非常重要的一項工作，就是讓支援團隊充分理解你想做的事情的使命、願景和目標計畫，以及潛在風險，還要明確說明他們和你一起承擔什麼風險及後果。有些人會選擇不到萬不得已時，就不說這些不好的，風險都自己扛，但實際上，我們更加鼓勵把這個說服放到前面，出發時即獲得理解和支持。

當然，這個說服做起來並不容易。有時說服一個身邊的家人，遠難於說服 100 個員工。所以，請不要期待一次性說服所有人都支持你、愉快地承擔風險。這個說服需要多次坦誠的溝通，以及一次次勝利的小戰役，來讓他們看到你的決心，相信你的決定。你也不需一定要說服所有人，但至少提前告知風險，這樣等真的風險來臨時，你還能保住信用。因為，人們討厭的，除了是風險本身帶來的後果，還因為「不被告知」而感到憤怒。所以，只有坦誠溝通，並獲得支援團隊的理解和支持，你才能在危機時得到及時的援助。

人生總會遇到至暗時刻，提前預備支援的力量，就能更勇敢地往前衝鋒。

第六章　抗風險：以內控戰勝脆弱

◼ 撤退策略：衝鋒與撤退

超級單兵，不能只是光會衝鋒的勇士，還應該是懂得策略撤退的智者。

著名的策略專家提及「撤退線」的重要性。大多數人似乎認為，撤退代表軟弱、放棄和認輸。實際上，撤退不等於潰敗，很多時候，撤退反而是保留實力、以退為進的明智之舉。

戰爭中撤退是一種謀略。「二戰」時期，敦克爾克大撤退就讓英軍保留了有生力量，獲得士氣和人心，被歷史評價為「輸了一場戰役，卻贏得了一場戰爭」。

那麼，超級單兵又該如何借用「撤退線」原理，設計自己在職業發展中的撤退策略呢？

第一，敢跳槽，在最佳時機跳出舒適圈。

在任何一個企業中，就要想到一定會有「離開」的那一天。關鍵是，什麼時候是最佳的跳槽時機？

英姐，是一家人力資源高階經理。她從師範大學一畢業後，就加入到這家公司，一待就是 25 年，如今她也奔五十了。她在 26 歲就當上了人力資源經理，這是相當快的升遷速度，可見其能力之強。在職業的高峰期，她也曾遇到過職位更高、更有挑戰性的工作機會。但她當時覺得，這裡環境熟悉，老闆也很器重她，外面的機會沒有這裡舒服。到現在，她在這家公司已經到了天花板，而這時再想跳槽，卻發現並不容易。這些

年，英姐只做那些自己熟悉的人力資源中的事務性工作，所以無法勝任更高的高層管理職位，而一般職位，她的競爭力又比不上年輕人。這時候，她才後悔當初沒有早點跳出去歷練自己。

跳槽，從來不是在走投無路時的無奈選擇，而是在最佳出售點時銷售自己。當外部對你的價值認可達到相對高點時，透過跳槽提高自己的身價。更重要的是，透過跳槽，從舒適圈跳出來，打造更大的能力圈，這才是跳槽的真正意義所在。

第二，做減法，及時阻止損失累積。

我們不可能做對所有決策，所以在發展中，一定會遇到損失的情況。損失本身並不可怕，可怕的是損失的滾動累積。

英國歷史最久的銀行之一──霸菱銀行（Barings Bank），就是由於一名新加坡分行交易員尼克・李森（Nick Leeson）進行衍生性金融產品的超額投機交易失敗而倒閉的。1992 年開始，這位交易員就私下做投機交易，在新加坡和東京交易市場進行衍生性金融產品交易，小額的賣出模式，一般不會產生股票價格指數的大幅變動。然而 1995 年 1 月，阪神大地震把整個亞洲股市打亂，李森的投資也隨之遭殃。這時他試圖補回損失，做了一系列風險越來越高的投機決策，賭日經會停止下跌、快速回升。這個洞最終累積到 14 億美元，超過了銀行可交易資本的 2 倍，直接導致了銀行的倒閉。

所以，當發生損失時，不能懷著賭徒心理，應該理性地及

第六章　抗風險：以內控戰勝脆弱

時停損。如果可以，在早期就去除那些可能造成未來損失的風險因素更好。

某知名家用電器集團 CEO 就是做減法的高手。在產能過剩時，集團開始「剎車」式策略轉型，對企業進行「瘦身運動」。去除缺乏核心競爭力的產品線，從 22,000 個到 2,000 個，企業也裁員 7 萬人。四年後，集團進入世界前 500 大。試想一下，如果當年集團不大刀闊斧砍掉風險要素，也許就會被那些虧損的產品和效能低的員工拖累而倒閉也說不定。

當然，任何事情都不是一開始就賺錢，因此一定時間內、一定額度的損失，其實是可以承受的。但這樣的虧損，必須是為了達成某種策略性的目的而付出的、有底線的代價，不應該是無止境的投入。

第三，懂撤退，找到達成目標的路徑。

撤退，有時是為了實現目標而做出的主動選擇。

舉個例子，一次會議中，我匯報一個方案。一位同事怒氣沖沖地在老闆面前指責我專案前期中的一些問題。在此刻說這麼多我的問題，無疑會對我接下來的工作推進形成障礙，埋下了風險。如果是你，會怎麼辦？直接開火和對方對峙，爭論出誰對誰錯嗎？

我並沒有那樣做。先不說我有沒有責任，就算有理，互相對峙並不會解決問題，不能幫自己加分。所以，我決定採取以退

為進的策略。無論他說什麼難聽的話,我不僅沒有激烈反擊,甚至還虛心承認自己的管理責任。我還提出後續專案管理中的改進措施,借題發揮,爭取規避風險所需的資源。

會議休息時間,在茶水間碰到老闆,他對我說:「那位同事剛才說得那麼激動,妳竟然沒跟他吵架,選擇以退為進,幫你按個讚。」最終,老闆反而覺得我有擔當,我推進的方案不僅順利通過,還獲得更多的資源支持。

所以,不要爭表面上的一時輸贏,以退為進,實現最終目標才是真正的贏家。

■ 擔當策略:損失與補償

我們一直試圖預測和預防風險,做出損失最小的最佳安排。

可生活的真相是,歷史總是驚人的相似,即便我們不想冒同樣的風險,不想再犯同樣的錯誤,但總有一些危機,我們無法阻止它發生。能夠抵抗這些不可抗力的最好策略,不是逃避,而是承擔,甚至是主動地擔當。

第一,愛上隨機性,勇於做決策。

著名的法國哲學家布里丹(Jean Buridan)做了一個實驗:一頭又飢又渴的毛驢,剛好站在距離食物和水一樣遠的地方,由於在先喝水還是先吃草這兩個選擇之間難以取捨,毛驢最終死了。如果隨機性地選擇任何一個方向,不管先喝水再吃草,還是先吃草再喝水,驢都會得救。後來這種決策兩難,也被稱之

第六章　抗風險：以內控戰勝脆弱

為「布里丹之驢」。

聽起來這很諷刺、荒謬，但生活中我們又何嘗不是常常面對這樣的決策困境──先考研究所還是先就業？選擇 A 公司還是 B 公司？投資 A 專案還是 B 專案？甚至嫁給 A 男還是 B 男……永遠是個難題。其實你無非就是在擔心，選擇 A 就享受不到 B 的好處，選擇 B 就享受不到 A 的好處，又或者擔心某一個選擇帶來的可能性損失。

「布里丹之驢」的故事給我們的啟示是，無論怎樣選擇，必有代價，任何一個選擇其實都可以，不做選擇才最糟糕。

既然如此，在面臨兩難困境時，就讓我們愛上隨機性，勇於做出一個決定，盡最大努力讓自己的決定變成正確的決定就好。

第二，背水一戰，不給自己退路。

西元 711 年，著名的阿拉伯指揮官塔里克率領一小支阿拉伯軍隊從摩洛哥穿越海峽，攻打西班牙的西哥德王國。

登陸後，塔里克放火燒掉所有船隻。然後，他發表了著名的演說。「你的身後是海，你的面前是敵人。你們知道敵我懸殊之大。你所能依靠的就只有手中的劍和心中的勇氣。」塔里克和他的軍隊就這樣燒毀船隻，背水一戰，最終控制了西班牙。

這，就是不給自己退路的力量。

每年我都會輔導一些 MBA 考生，有些同學是這樣思考的：

「我先隨便提交資料看看,要是過了,就準備一下面試,哪怕最後考不上,照樣回去工作,沒什麼損失。」看起來,似乎是準備了退路,抵禦沒考上的風險。但實際上這只會放大「考不上的風險」,這種心態讓有退路的同學不怎麼下苦功,很難逼出潛力。所以,通常我在第一堂課會先強調,請學員燒掉自己內心那艘「回去的船隻」,不要為自己留後路,以今年必考上的信念,去全力以赴備戰,才有勝算。

所以,策略上,我們固然可以為自己失敗的結果做準備,但心態上,千萬不能為自己留退路,只有全力以赴,逼出潛能,才能真正以勝利抗風險。

第三,主動突破,啟動反彈機制。

尼采有一句經典名言:「殺不死我的,只會讓我更堅強。」這其實是在詮釋人類的一種反彈機制。比如,對危機的恐懼讓人警覺,疼痛的感覺提醒風險,刺激的壓力,會逼出不可思議的潛能。看似不好的磨難和感受,反而會激發出反彈能量,讓你變得更加強大。

那麼,如果我們自己能有意識地啟動這個反彈機制,也就是自己創造挑戰和壓力,就能激發出自己的潛能。很多優秀的企業也是這樣迭代的,比如,魔鬼訓練和PK(對決)機制,都可以激發員工的潛能,激發業績和創新。透過極端壓力的洗禮,一個個員工都成為超級單兵。

第六章　抗風險：以內控戰勝脆弱

就如村上春樹在《海邊的卡夫卡》中寫道：「暴風雨結束後，你不會記得自己是怎麼活下來的，你甚至不確定暴風雨真的結束了。但有一件事是確定的：當你穿過了暴風雨，你早已不再是原來那個人。」

所以，風險並非只是壞事。想要真正活成超級單兵，就要正向地面對，把平時遇到的問題都當作「人生壓力測試」，甚至還要主動創造挑戰，當危機真正來臨時，就會自動啟動反彈機制。

總結起來，超級單兵的「超級」，並不是擁有多超級的技術工具，更需要的是具備順風時居安思危、逆風時乘風破浪的「風險意識」。在正確的風險意識下，每個人都能透過刻意練習，打造自己強大的心智、敏銳的覺察力、前瞻的管控策略。而這種「意識」，才是真正以內控戰勝恐懼的底層力量。

最後，以著名哲學思想家王陽明的一首〈泛海〉作為本章的結尾，願你我在風雲變色、巨浪滔天的人生航海中，擁有作者那般不被風雷所動的颯然姿態。

險夷原不滯胸中，何異浮雲過太空？
夜靜海濤三萬里，月明飛錫下天風。

05 重點筆記

風險內控系統：心智系統、風險認知系統、風險管控系統。

■ 心智系統：接納風險、敬畏風險、管理風險

- 溫水模式，不要逃避風險；
- 高速模式，不要小看風險；
- 跌落模式，不要放大風險。

■ 風險認知系統：調整標準，監測風險

- 財務視角，監測財務風險；
- 流程視角，拆分基本要素；
- 利益相關者視角，分析利害關係；
- 從未來視角，感知可能的失敗。

■ 風險管理系統：積極應對，勇敢擔當

- 控制策略：成本與收益；
- 預備策略：前線與支援；
- 撤退策略：衝鋒與撤退；
- 擔當策略：損失與補償。

第六章　抗風險：以內控戰勝脆弱

> **推薦閱讀**
>
> 〔日〕稻盛和夫，《在蕭條中飛躍的大智慧》，曹岫雲譯，北京，中國人民大學出版社，2009。
>
> 〔美〕納西姆·尼可拉斯·塔雷伯，《反脆弱》，雨珂譯，北京，中信出版社，2020。

第七章
敢迭代：沒有成功，只有成長

一切燦爛終將走向沒落，你能再一次重生嗎？

一切重生必將付出代價，你敢革自己的命嗎？

今天歸零是為明天發光，你能破局創未來嗎？

停止迭代等於等待死亡，你今天還在成長嗎？

　　如果你有明確的目標，按照「超級單兵成長羅盤」一步一步執行，再結合一點點運氣，相信你一定會有所成績。或許你在公司裡蒸蒸日上，或許你開展的業務穩定上升。這樣，你就可以高枕無憂了嗎？

　　不！恰恰當你走上高峰時，就需要提醒自己注意了。因為，世界上沒有永恆的成功，有上坡就有下坡，有興盛就有衰退，而只有進化，才是永恆。

　　著名投資家瑞・達利歐在著作《原則》中說：「進化是宇宙中最強大的力量，是唯一永恆的東西，是一切的驅動力……這個進化循環不僅適用於人，也適用於國家、企業、經濟體，以及一切事物。整體會自動地自我修正，個體卻不一定。」

第七章　敢迭代：沒有成功，只有成長

如同達利歐所說，不是每個個體都能跟得上整體進化的進程，很多物種在整體系統的進化中會被淘汰，這就是殘酷的自然法則。所以，想要持續生存和發展，我們就要不斷地自我迭代，適應新環境及其變化。

「迭代」，在科學意義中，指不斷用變數的舊值，遞推到新值的過程，也可以簡單理解為不斷推陳出新。迭代的理念遷移到職業發展，就是每個人在任何職業發展階段，都需要不斷推陳出新，發展出新的成長空間，這就叫「迭代」。

所以，「迭代」並不是簡單升遷或換公司，而是真正提高底層能力，提升職場競爭力，拓展未來的職業發展空間。「迭代」也不意味著一次性的成功，而是持續成長的動態過程。

那麼，如何透過迭代，為自己開創未來新的發展空間呢？我們需要提前布局人生事業的「第二曲線」。什麼是「第二曲線」？我們又該如何運用「第二曲線」工具來幫助自己成長呢？

01　提前布局「第二曲線」

「第二曲線」，這個概念是被譽為「管理哲學之父」的英國管理大師查爾斯・韓第（Charles Handy）在《第二曲線：社會再造的新思維》（*The Second Curve: Thoughts on Reinventing Society*）一書中提出的。而後被譽為「創新之父」的克里斯汀生（Clayton

M. Christensen）教授在《創新者的窘境》(*The Innovator's Dilemma*) 一書中用來解釋企業組織的興衰存亡,並提出透過創新迭代,獲得企業可持續發展的重要性。這個原理,也完全可以運用在我們的職涯發展,乃至人生發展中。

先了解一下「S型曲線」是什麼。任何一個事物的發展都會經歷「開始、上升、極限、衰退、死亡」的S型曲線生命週期。

如圖7-1所示,第一個S型曲線叫「第一曲線」,也就是你目前的主業。第二個S型曲線就是「第二曲線」,是非連續的未來曲線,意味著下一階段的新發展狀態。

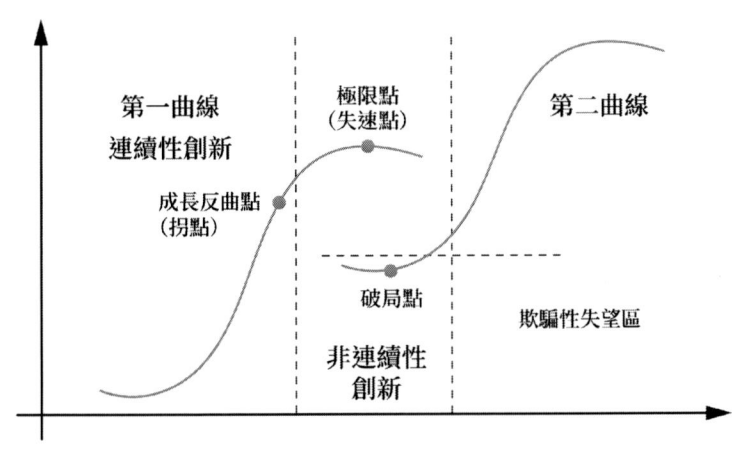

圖7-1　第一曲線與第二曲線

（圖片來源：李善友,《第二曲線創新》,北京,人民郵電出版社,2019）

第一曲線和第二曲線分別讓我們看到兩種上升狀態,也可以展現我們事業發展中的成長狀態。

第七章　敢迭代：沒有成功，只有成長

■ 第一曲線精進

在現有的第一曲線上增加投入，獲得成長。這部分可以參考前面第三章練內功部分的方法論。

■ 第二曲線迭代

透過能力和邊界的突破，實現全新的成長。身處第一曲線，很容易忽視布局第二曲線，而這裡恰恰就是未來所在。

想要創出自己人生事業的第二曲線，需要理解第二曲線的三個關鍵原理。

第一，第一曲線終將到達極限點。

任何一條向上的 S 型曲線，發展到一定程度後，一定會出現反曲點，成長開始變得緩慢，最終會出現「極限點」。如果任其發展，就一定會走下坡路，最終走向死亡。

這就意味著，對企業而言，「基業長青」只是我們對企業生命永續的美好願望。如果沒有任何干涉措施，沒有變革，沒有創新，沒有任何一個組織可以永續。

所以，即使你所在的公司非常好，也需要時常關注公司現在處於哪個階段，是第一曲線的上升期，還是快要達到極限點？這對你未來的職業選擇至關重要。

同理，對個體而言，任何一個再厲害的人，到了一定極限點，終將會走下坡。過去，S 型曲線的發展相對平緩。一個人一輩子只能畫一條 S 型曲線，上升到一定程度、退休後才會往下

走。但如今，S 曲線的迭代速度加快，也更陡峭。一個人可以一夜成名暴富，也可以一夜之間面臨危機，甚至破產。

這也是為什麼超級單兵需要時刻提醒自己，在上升的時候，提前布局職業生涯的「第二曲線」，這是能夠持續擁有未來的保障。

第二，第二曲線的非連續性。

第二曲線並非原本第一曲線的延長線，而是另一條非連續的 S 型曲線。

第二曲線是透過能力突破，另闢蹊徑，畫出一條新的未來曲線。它可以是迭代出來的新技術、新產品，也可能是人生中新的職業或行業的選擇。

這些轉型或跳躍，因為有了「非連續」的鴻溝，從第一曲線到第二曲線的跨越並非易事。在第一曲線上，你已經累積了豐富的經驗，可是當布局第二曲線時，你可能甚至不知道該從哪裡切入，也沒有成熟的價值網支持。而且，第一曲線強大的慣性，往往會把你綁在沒落的第一曲線，一同遭受損失，甚至「死亡」。

所以，未來的答案不在過去的成功裡，要跳出原有第一曲線的束縛和慣性。

第三，第二曲線要趁早從更低的地方破局。

通常，第二曲線的初期表現都不會讓你眼前一亮，甚至常常讓人大失所望。

比如，新產品在功能上未必比現有產品技高一籌，新技術未

第七章　敢迭代：沒有成功，只有成長

必有更好的市場回饋，去新的公司，可能要從更低的職位開始，薪酬或許只有原本的 1/3。

這些都是破局前的正常表現。可一旦破局成功，技術的進步、時代的大勢，都會讓第二曲線快速上揚，實現 10 倍速的成長，最終會顛覆原有的第一曲線。

查爾斯・韓第在《第二曲線：社會再造的新思維》一書中總結：「第二曲線必須在第一曲線到達巔峰之前就開始成長，只有這樣，才能有足夠的資源（金錢、時間和精力），承受第二曲線投入初期時的下降，如果在第一曲線到達巔峰並已向下後才開始第二曲線，那無論在紙上還是現實中，都行不通了，因為第二曲線無法成長得夠高，除非讓它大幅扭轉。」

可見，第二曲線難的是對破局點和切入時間的掌握。好的破局，並不是到火燒眉毛了才開始，而是需要提前判斷第一曲線的極限點，洞察切入第二曲線的機會，並勇於投入剛開始不被大多數人看好的新領域，還要經過多次失敗的嘗試。

如此看來，超級單兵的「超級」，其實是一種勇於自己革自己命的勇氣和魄力。

綜合起來，第二曲線是非連續性的未來曲線，是透過能力和邊界的拓展，開闢出新的發展空間。想要成為超級單兵，就要從第一曲線跨越到第二曲線。

02 為什麼自我迭代如此之難

如今這個競爭激烈的世界裡，大家都知道要成長，要迭代。但為什麼大部分人明明知道自我迭代很重要，卻很難革自己的命呢？

先分享我的同事牛博士的故事。牛博士曾和我是同一部門的同事，那時我們一起做專案，一起研究課題，一起學英文。不論管理或英文，牛博士都很擅長，論工作內容和級別，我們起步都一樣，未來的職業發展走向也差不多。不同的是，牛博士很安分，做對他而言沒什麼挑戰的事務性工作，也很享受舒服的工作節奏。而當時的我，不甘心一眼望穿 20 年後的自己，工作之餘還謀劃繼續深造和挑戰新工作。後來，我出國留學，回國後還輾轉進入網路公司、顧問公司，非常忙碌。

十年後，我以管理顧問專家的身分去參加前東家舉辦的管理研討會。回到久違的辦公室，牛博士依然坐在原本的職位，做著原本的工作，熟悉的文件、熟悉的擺設，彷彿時間定格在十年前。

和牛博士的交談中，我發現他已不再研究課題，不再精進英文，眼神中已然找不到當年從小地方到大都市闖蕩時的倔強和拚勁。聽說他這幾年晉升之路也不太順，錯過了幾次關鍵機會，之後一蹶不振，也就停留在原本的職位了。

第七章　敢迭代：沒有成功，只有成長

「不瞞妳說，我滿羨慕妳的，學習深造、體驗不同行業，忙碌得很精彩。」

「你也可以呀！工作也不算太忙，不然寫個部落格分享你那些淵博的知識吧！」

「我都一把年紀了，算了，就這樣吧！」

他所謂的一把年紀，其實也不過是 40 多歲。在無奈與自嘲中，顯然能感受到他已經放棄了人生其他的可能性。

我無法評價牛博士活法的對錯，更不是要說哪種工作發展更好，每個人在任何職位上都可以創造價值、發光發熱。但關鍵是，自己心中的滿意度瞞不過自己。如今的他，明顯不甘心卻無能為力，把自己的路越走越窄，更沒有勇氣去改變和迭代，只能嘆息歲月沒饒過自己。

這個故事裡沒有殘酷的失業，沒有驚天動地的破產，牛博士的後來，也許就是大部分人追求的所謂「安穩」的結局。但如果是你，會滿意那個放棄可能性的自己嗎？如果你所在的地方是一個廝殺在競爭中的企業，會任由你「安穩」嗎？

我一直在思考，到底什麼在作祟，讓很多像牛博士那樣曾經還算很厲害的人，都不知不覺間成了放棄和停止自我迭代的人？

第一，成也蕭何，敗也蕭何，我們恰恰會敗給自己的「優勢」。

你有沒有只喜歡做自己擅長的工作？比如，寧肯做自己得心應手的技術，也不願意當個團隊領導者？

我自己曾經就是那樣。在做諮詢顧問很順利時，我很享受專案交付的工作。因為擅長，既容易產出成果，也很舒服。我不需要像合夥人那樣操心開發客戶、部門團隊，還要對顧問方案全權負責，承受客戶的壓力。那時的我根本沒有意識到，自認為擅長的能力形成「舒適圈」，恰恰成為突破成長的屏障。

策略大師麥可・波特（Michael Eugene Porter）和倫納德・巴頓（Leonard Barton）都曾提出過，核心能力會變成核心束縛。也就是說，在快速的環境變化中，無論是團隊還是個體，其核心能力常常無法隨之改變，原有的核心能力非但無法成為競爭優勢，反而會成為發展的桎梏。

看看那些曾經輝煌的企業，率先發明數位相機卻因超強的底片技術而錯過數位時代的柯達（Kodak）、智慧型手機時代被淘汰的昔日手機霸主諾基亞（Nokia），這些企業恰恰都是因為自己超強的核心能力而止步於那個時代。

後來，我刻意要自己多參與商務談判、公開講課、直播宣傳新書等，突破自己，跳出舒適圈，不僅自己升為合夥人，還幫助更多的企業客戶。

所以，也請你看看所在公司的核心能力是否開始轉向核心束縛？看看自己是否開始放棄挑戰？請你時刻提醒自己，以開放的心態去學習和接受新領域，固然會出現不舒適感，但恰恰這個不舒適感，會帶你練出新的肌肉，造就更強大的你。

第七章　敢迭代：沒有成功，只有成長

第二，追求安穩，卻不得安穩，我們敗給對變化的「逃避」。

面對美好的事、喜歡的人、成功的事業、賺到的財富，你會不會希望留住這些？想永遠留住美好是一種幻想，這會讓人本能地逃避變化、害怕失去。

逃避變化也會形成慣性。先不說那些不願放棄已經擁有的人，有意思的是，甚至目前狀況不太好的人們，很多也都寧可繼續糟糕，也不願改變。因為改變意味著不確定，不確定性意味著握在手裡的那一點點「小確幸」，也有可能全盤失去。

「你不願意種花，你說，我不願意看見它一點點凋落。是的，為了避免結束，你避免了一切開始。」就像這首詩一樣，我的同事牛博士就是那種寧可接受自己不甘心、不滿意的現狀，也不願意開始嘗試新的可能。

其實，穩定且持久，是我們對事物的一種錯覺。「不變」並不能留住我們想留住的，相反，「不變」是在坐等未來的危機。

你越想安穩，就越不得安穩。

第三，你不先動，未來不動，我們敗給對未來的「等待」。

我常常看到很多人有這樣的想法：「我先只認真做好手頭這些事，如果未來給我新職位、新機會，我也可以嘗試，可以挑戰。」

乍看，這話沒問題。我們需要把手頭上那個「第一曲線」做到足夠好。可別忘了第二曲線的「非連續性」，也就是說，未來所

需要的能力、資源、機會，並非在現有的第一曲線上自然生長出來。比如，你在現任職位上表現不錯，而公司創新部門所需要的核心能力，你未必已經具備；你在現在的公司做得還不錯，而未來換行業、換公司，你未必能直接複製現在的經驗。

如果你只是在「等待」上司給你新職位，只是在「等待」世界給你新機會，那你要麼等不到，要麼就算等到了，也會因沒有充分的準備時間而失敗。所以，未來的正確開啟方式，不是先有機會去迭代，而是你先迭代，才能得到機會。

兩年前的年底，我回老東家與牛博士一起參加辭舊迎新年會。我把自己思考的第二曲線原理和一些感悟分享給牛博士，他似乎深受觸動。八個月後，我收到牛博士寄來的一本新書，同時他發私訊給我：「謝謝妳，妳說得對，我不該為自己設限，早早放棄成長和迭代。我今年剛出了一本新書，不為獲得什麼職位，只為分享研究成果，希望對一些企業有所幫助。」

我很開心看到牛博士的轉變，從牛博士的身上也看到，走向自我迭代的第一步，其實就是心中做到「不設限、不逃避、不等待」。

此刻開始，請你也勇敢面對變化，主動創造機會，即使未能一下子成功拉出第二曲線，你也會有所成長，多年後你一定會感謝當年自己勇敢邁出的那一步。

第七章　敢迭代：沒有成功，只有成長

03　迭代之路上的陷阱

有了敢迭代的心態，可以讓你邁出第一步，但後面的迭代之路，單憑勇氣，那是不夠的。想在第一曲線達到極限點之前，就開始切入理想的「第二曲線」，這個過程充滿各種陷阱。先要警惕最常見的三個陷阱。

陷阱一，遇到「虛假極限點」。

工作幾年之後，你有沒有遇過這樣的感覺：「這個行業我已經做不下去了，我需要跳槽或轉行了吧！」不管是在職場上，還是創業路上，這種做不下去的感受，如同婚姻中的七年之癢，通常每隔幾年就會出現。那麼，這種感受是否意味著自己所在行業到達極限點了，真的要全身而退、跳到第二曲線了嗎？

讓我們先從一個商業案例來理解「極限點」。根據運動鞋、運動服行業數據調查，A本土品牌的銷售額急遽下降，看起來是達到極限點之後的衰退。感到危機的A本土品牌選擇大刀闊斧的品牌重塑，從品類到價值主張，全都換掉。而大變革卻沒帶來正向回饋，銷售不僅沒變好，反而還出現斷崖式跳水。

從需求端，我們卻看到顧客對運動鞋、服的需求不減反增。再去看看國外品牌，銷售額連續十年一直在成長，根本沒遭遇什麼極限點。為什麼？因為這看起來非常像「極限點」，但其實並不是整個行業的需求端帶來的天花板，而是本土企業的批發

銷售模式有問題造成的。

你會發現，本土品牌看到的極限點，只不過是整個行業的小小波動而已。所以，遇到真的極限點，壯士斷腕，啟動新的領域；遇到虛假的極限點，遵循行業發展規律，自己精進就好了。

職業發展也是如此。當你覺得這個行業做不下去了，很可能並不是行業真的要沒落了，而是你自己的業務模式需要迭代。你覺得在公司裡遇到天花板，可能是能力的局限，而不是公司真的沒有上升空間了。這時候最好的解決方式，並不是著急跳到第二曲線、從零開始，而是在第一曲線上精進。因為，大多數人其實根本也沒真正做好第一曲線就草率地轉換賽道，這樣蜻蜓點水是不可能達到高峰值的。

所以，當你準備全身心跳到第二曲線時，請先想想，你以為的極限點，真的是無法逆轉、突破不了的極限點嗎？

陷阱二，對「更好」的期待。

一說迭代，你大腦裡是否會浮現出更好的產品、更好的技術、更大的市場？一說到職涯發展的迭代，你是否會期待更好的公司、更高的職位、更好的待遇？

但這樣美好的期待，恰恰可能會成為陷阱。對「更好」的期待，會讓你只想跳到更高的地方去展開第二曲線，根本看不上更低劣的選擇。

很多時候，看起來所謂「更好」的選擇，並不是第二曲線的

第七章　敢迭代：沒有成功，只有成長

勝利，而只是在第一曲線短期的小成長而已。比如，換個薪資更多的、同樣類型的職位，可能就只是延續、重複使用第一曲線的能力而已，談不上有什麼突破性的迭代。

相反，有些短期看起來不一定是最好的選擇，未來也有可能顛覆。比如，有些起步職位更低、薪酬更低，但平臺更好、行業更有前途的工作，幾年後很可能就會走向快車道。商業上，這種案例也比比皆是。

所以，未來想要成為超級單兵，你今天就要放下身段，甘願從更低的地方切入，那些一時的風光和薪酬都是浮雲，重要的是，你透過這份工作，能否實現自我迭代，能否拉出自己人生事業的「第二曲線」。

我的教練葉老師早年在一家銀行當副行長。那時銀行的工作令人羨慕，在領導者職位上，他也得心應手，一切似乎都如魚得水。可是，他預感這樣的好日子並不會長長久久。想到自己如果哪一天離開銀行，根本沒什麼本領，他便開始在工作之餘學習教練技術，開始布局職業生涯的第二曲線——領導力教練。

隨著他的教練技術越發成熟，可以接客戶賺錢了，葉老師就辭了銀行的工作，全身心踏入職業教練之旅。大家都非常不能理解，放著高薪、舒服的銀行高階管理人不做，竟然成為各地奔波的自由職業者，賺的錢還不如原本在銀行的多。

但幾年後，葉老師的前同事們要麼退休，要麼被辭退，葉老師卻成為國際教練協會認證的大師級教練，迎來職業生涯新的巔峰。如今，他創辦了專業教練機構，為世界前 500 大企業的高階管理人做領導力培訓，還致力於培養更多專業教練。

可見，在第二曲線的初期，放下對「更好」的期待，從低階開始切入，躬身入局，為的是日後的爆發和更持久的奔跑。

陷阱三，「過度滿足」市場需求。

你現在想要轉換的領域是不是市場需求很旺盛的領域？或現在挑戰的新工作始終未能變現，你是否會對自己產生懷疑？

現實世界中，迭代的開始往往早於市場需求。你的新想法、新產品、新職業，往往一開始不太被大眾所理解。沒有客戶買單，從開始到爆發之前，你要做好心理準備，承受孤獨的等待、眾人的鄙視、無數的失敗。

從第一曲線到第二曲線的跳躍，就是一段走在黑洞裡的孤獨旅程。

04 自我迭代的四步循環

在不確定的黑暗中前行，摸索著找出那個自我迭代的「第二曲線」，我們是否有章法可依呢？請參考如下四個步驟，並**無限循環它**。

第七章 敢迭代：沒有成功，只有成長

第一步：預測，辨識第一曲線極限點；

第二步：破局，尋找第二曲線破局點；

第三步：成長，單一要素最大化；

第四步：復盤，讓思維持續升維。

◼ 預測：辨識第一曲線極限點

你自己的主業現在處於哪個階段？是快速上升期還是已經停滯不前？

麥肯錫高階合夥人理查・福斯特（Richard N. Foster）在《創新：進攻者的優勢》（*Innovation: The Attacker's Advantage*）一書中認為：「如果你處於極限點，無論你多努力，也無法獲得進步。」也就是說，處於極限點時，即使投入再多的人力、物力和資源，產出也會不增反減。極限點是任何 S 型曲線都無法跳脫的宿命，我們可以延緩極限點的到來，但無法消除極限點。

那我們如何辨識自己的極限點呢？

財務指標是一個顯性、直接的參考數據。就像企業看財務報表，個人也可以看自己的收入情況，是不是出現停滯不前或連續下跌？一定程度上，財務情況的確能給出一些訊號，但如果極限點真的到來，並展現在財務上時，恐怕為時已晚。你需要判斷第一曲線極限點，提前展開第二曲線的布局。

通常，我們需要警覺三種極限點，看看你踩到哪一個？

第一，職位極限點。你所在的職位是不是無法再上一層了？

04 自我迭代的四步循環

舉個例子，人力資源總監如果不補「業務思維」這門課，比如，**轉去做業務負責人或去分公司做營運**，恐怕很難直升為CEO。這就是職位極限點。

通常後臺性的職位，比如，行政、人力資源、財務等，都有類似的職位極限點。那些曾經的前臺，到如今的副總裁的勵志故事，往往都是過程中在業務或營運等管理職位歷練後，最終才得以突破。

當遇到職位極限點時，就要思考是不是主動申請轉職或換行業，來使自己迭代。

第二，公司極限點。你所在的公司是不是開始走下坡？

如果你是公司高階管理人或管理者，最好在公司非常穩定發展時，就開始思考如何布局接下來的3～5年，而不是已經感覺到走下坡後再思考。

如果你只是職員，無法參與公司的經營，從個人職涯發展的角度，你要觀察公司處於什麼發展階段，是不是有開始走下坡的跡象。

如果可以，你可以關注公司年報中前三年的業績，是快速上升的、穩定的，還是下滑的？如果業績有明顯「連續性的下滑」，那就要看公司是否已經啟動新方向的探索和嘗試？如果連轉型的動作都沒有，那就很危險了。

如果你沒辦法看到財務數據，請觀察以下三個方面：

第七章　敢迭代：沒有成功，只有成長

　　・公司是否有新動向，比如新產品研發計畫、新投資者進入等；

　　・公司的組織架構是不是有調整，比如新高階管理人或部門管理者更迭；

　　・領導者和公司核心人員們的工作狀態如何？大家是積極向上還是死氣沉沉？

　　如果你明顯感覺公司只吃老本，沒有創新迭代的意圖，那請你果斷離開；

　　如果公司如同一灘死水，從領導者到團隊成員都死氣沉沉，或只在乎權力而不做事，只求利益而不求團結，那也請你離開這種文化的公司；

　　如果你看到公司的核心管理者們都紛紛跳槽，那就要謹慎判斷公司是真的不行了，還是只是階段性震盪或困難，要不要和公司一起走下去，趁機成為功臣。

　　公司出現極限點時，你可以考慮是否憑藉這裡的經驗，去有發展前景的、有活力的公司，但同時，你還要思索這是不是真的是行業的極限點造成的。

　　第三，行業極限點。 你所在的行業是不是已經開始被時代淘汰？

　　從 VCD、MP3、PC 時代到行動網路及人工智慧時代，我們很幸運，又很不幸地經歷時代的大變局。很多曾經很棒的企

業，不是因為不如競爭對手，也不是因為沒有客戶，是連同客戶一起，整個行業都被時代洪流沖走了。

你可能會覺得：「我只是一個技術人員，我只是做人力資源的，那些行業什麼的太宏觀了，我看不懂，跟我也沒什麼關係。」其實不然，你身處朝陽產業，就如同坐電梯般，會跟著整個行業的快速發展一起向上。而如果你身處沒落的行業，已經快要到達極限點，再掙扎、努力，也發揮不了你的價值。

的確，對於普通員工，甚至就算是中階管理者，要讓你看清行業的風雲變幻，恐怕真的有點難度。但即便如此，我們不能放棄對行業的學習和洞察。更多的資訊和認知，總歸會對你的發展準備和下一個選擇，提供更多的決策依據。

如何快速洞察行業趨勢，你可以嘗試下面幾種路徑：

- 政府政策中，有沒有和你行業相關的政策變化？
- 同行業的龍頭大公司們，有沒有什麼群體性動向？
- 行業論壇上大老們都討論什麼話題？有什麼觀點？
- 行業內顧問公司有沒有釋出行業報告（白皮書或藍皮書）？

剛開始看這些無聊的報告，聽大老們的演講，你可能會沒什麼感覺，更別說有什麼新觀點。但這就和我們學英文一樣，每天聽，年年聽，突然有一天，你會發現自己竟然聽懂了，甚至會脫口而出一些關鍵字。

當你有了行業洞察的意識，其實很多資訊就會呈現在你面

第七章　敢迭代：沒有成功，只有成長

前。想要成為超級單兵的你，將行業洞察養成一種習慣吧！這不僅能幫你敏銳地捕捉行業的極限點，且從行業視角再去辨識公司和職位的極限點，就更容易了。

◼ 破局：尋找第二曲線破局點

預測到第一曲線的極限點，就要快速轉移到第二曲線。是否能成功獲得下一階段發展的船票，其關鍵就是找到第二曲線的突破口，我們稱之為「破局點」。

如何尋找到第二曲線的破局點呢？

第一，破。破除「想當然」，回到「原點」。

你的念頭有沒有被很多「想當然」禁錮？對一些現狀，連質疑都沒質疑過？你會不會在還沒有嘗試的情況下，就直接否定一些新的可能性？這就是阻礙你突破的「局限性信念」。

不得不承認，我自己常常也有各式各樣的「局限性信念」。比如，上學時我最怕跑 800 公尺，我認為：「我怎麼可能去跑長跑，更別提馬拉松。」找工作時，我認為：「我不懂技術，不可能去網路公司。」甚至，新冠疫情前，我還一直認為：「我是一個嚴肅的管理研究者，怎麼可能在影音平臺那樣的地方做直播？」

但是，當我破除這些「想當然」，回到「原點」去思考時，我就看到了很多新的可能性。這個「原點」，小則可以理解為「目的」，大則可以理解為「使命」。也就是回到第二章定策略時說到的──「終點即是原點」。

04 自我迭代的四步循環

「讓自己健康」就是「原點」。那為什麼認為自己只能安靜地做瑜伽，卻跑不了步呢？我嘗試從 3 公里開始作為破局點，逐漸拉到每天晨跑 5～8 公里，如今甚至可以跑半馬的距離。現在，跑步已然成為我生活中的一種新習慣，也就是愛好中的第二曲線。

「為人們提供教育服務」是「原點」。那為什麼我只能讀博士後去大學當教授？網路時代，是否可以有新的網路教育服務給大眾？因此，我跳槽到行動網路教育公司，以英語 App 作為破局點，在那家公司實現了自己從傳統到網路的迭代。

「希望幫助他人成長」是「原點」。那為什麼只固守所謂高階的企業顧問培訓，而不去幫助更多願意成長的年輕人？所以，以我的線上課程《學得會的老闆思維》作為破局點，在各大付費知識平臺上販售課程，再也不排斥做直播，更開通了短影音帳號和使用者互動，也因此有了撰寫本書的靈感。或許，這也會成為下一個第二曲線的破局點。

你會發現，回到「原點」，不同時期重新盤點和強化自己最想達到的「目的」，會幫助你調整工作形態、業務模式、產品服務、行銷方式等一系列狀態，因為在什麼團隊、做什麼事、怎麼做，本就是抵達「使命」彼岸的路徑和方法而已。

回到「原點」，適應「變化」，你就能看到第二曲線的「破局點」。

第七章　敢迭代：沒有成功，只有成長

第二，拆。找到關鍵要素，拆到「最小單元」。

所謂「破局點」，是讓你的發展速度得到 10 倍的增加。所謂 10 倍速的變化，其實不是絕對意義上的 10 倍收入或 10 倍的什麼量，而是開啟這個點，就是四兩撥千斤，能看到更廣闊、更快速的、新的發展空間。

以特斯拉創辦人伊隆・馬斯克為例。他說：「只要給我一個目標，我一定能找到方法實現。」他是怎麼做到的呢？

馬斯克一開始要做電動車的時候，所有行業內的人都覺得不可能。內行的人都知道，電動車造價太高，這一點如常識一般，沒人質疑。馬斯克就找電動車製造中最為關鍵的要素——電池。再把電池拆解，拆到構成電池的碳、鉛之類的基本要素。他調查，如果自己去購買電池的原料，成本會是多少？他發現，造價 5 萬美元的電動車電池，原料加起來也不到 100 美元。也就是說，造價高的問題不是原料貴，而是組合要素的組合系統貴。他想到筆記型電腦的輕薄電池，電動車難道不能用這種方式組合電池嗎？這樣，他顛覆了電動車電池的組合方式。現在如果你駕駛一輛特斯拉，你相當於坐在一堆筆記型電腦電池上。這種新的組合方式，不僅減掉重量，還大大降低了電池成本。

發現了嗎？馬斯克就是用「拆解」的方式拆到最小單元，再重新用不同組合「還原」的方式，找到創新的解決方案。

你自己的工作也可以借用「拆解－還原」的方法。比如，工

作可以拆解為模組或流程，每個模組再拆解成更小單元，每個小單元都可能成為突破的切入點。

你自己的能力也可以拆解。對能力的拆解方式：一是通用能力，如責任意識、溝通能力等；二是專業能力，如寫程式碼的能力、財務能力等；三是管理能力，如目標管理、激勵團隊等。當然，你也可以用不同結構拆解。

拆解了能力，你可以回答三個問題：

- 哪個能力是你可以成功的關鍵能力？（曾經或者未來）
- 下一步你最想極致發揮哪個關鍵能力？
- 有哪些新職業、新專案，可以最大化這個關鍵能力？

如果你所做的工作並不是你最擅長的、或最想發揮能力優勢的工作，你完全可以嘗試那些能讓你發揮關鍵能力的新領域，就可以找到新的破局點。

第三，組。改變組合方式，找出差異化。

你過去的人生經歷中有哪些標籤？你有沒有想過，這些經歷標籤也可以有不同的組合方式？透過重組，找出差異化，也可以找到第二曲線的「破局點」。

露露是我以前的合作夥伴，曾是一家顧問公司的培訓經理，她還是三歲孩子的媽媽。愛美的她，非常喜歡氣味香的東西，為此，她還遠赴巴黎，專門學習香薰課程。我們看看她身上的標籤，職業中的「培訓」、生活中的「媽媽」、愛好「香薰」。這三個

第七章　敢迭代：沒有成功，只有成長

標籤一組合，就出現了她事業的「第二曲線」。

露露創辦了自有品牌，專門針對媽媽和寶寶們提供無防腐劑、無刺激的化妝品和植物精油，還在自己的工作室做了體驗中心，常年進行護膚、育兒、精油的培訓，不僅豐富客戶體驗，還形成顧問式銷售的會員池。

或許有人會說，我沒有那麼豐富的各種標籤，自始至終就只做了某一類工作，也沒什麼特別愛好可以衍生出事業。那我再分享一個財務總監的真實面試案例。

我曾為一家上市公司推薦過一位財務總監候選人蔡總。我陪同蔡總一起去見公司的 CEO 和人力資源副總。蔡總在前一家公司擔任 CFO，沒做三年就離開了，因此在 CFO 的經歷上，並不具備特別強的競爭力。

果然，公司 CEO 也注意到了這個問題，擔心他 CFO 任職時間不長，經驗不足。當然，只看財務總監職位的經驗，的確，他沒什麼優勢，但我們把他的經歷重新組合一下呢？

我向 CEO 解釋為什麼我願意推薦此人。首先，換個視角看專業能力，候選人曾做過審計、風控、也在上市公司做過資本營運，從審計、風控、資本營運成長起來的財務總監，其視角絕對會與從出納、會計成長起來的總監視角不一樣。行業知識可以補，財務管理經驗誰都有，但多種視角的特殊組合並不多見。而且，財務總監這麼重要的職位，更要看重人品、誠信、

責任感、職業操守。

發現了嗎？蔡總在「財務管理」這個籠統的點上，未能構成競爭力，但如果對財務管理進行拆分，把關鍵要素組合呈現出來，反而強化了他的差異。最終，憑藉組合優勢，蔡總獲得了這個職位，開啟了他在更高平臺上的新一段職涯旅程。

你也嘗試列出自己身上的關鍵標籤，重新組合看看能不能燃出新的火花吧！

成長：單一要素最大化

看到了破局點，就要投入資源去拉動第二曲線的成長。CP值最高，也是最有效的方法，就是「單一要素最大化」。這裡的「最大化」，指的是「放大關鍵要素的能量」，而不是絕對量上的最大。

例如，當年馬斯克在創辦線上支付 PayPal 公司之前，其實原本做出來的是更完善的金融服務系統。他到處去展示、宣講，但投資人似乎對很重的金融服務系統並不感興趣。不過他在推廣中發現，每次大家都對一個點很驚訝，就是用 E-mail（電子郵件）的方式進行支付。後來，他就單獨把這個功能拿出來，創立 PayPal，從而獲得成功。

單一要素最大化的方式有很多種，至少你可以嘗試下面「加減乘除法」。

第七章　敢迭代：沒有成功，只有成長

第一，加法。哪些要素可以增加「客戶滿意度」？

某電商平臺最初創立時，先放大行業標準「多、快、好、省」中的「好」要素，在顧客心中種下一種認知，那就是「東西品質好」。後來，在新一輪成長時，就把「快」這個要素放大，別人 2～3 天送達，它直接壓縮到隔日送達，甚至上午下單、下午送達。借此，它迅速在電商行業脫穎而出。

那請你盤點一下，自己正在布局的第二曲線的工作中，哪個要素可以透過加法，做到超出老闆或客戶的期待呢？

回想我每次職業轉型，都曾有過做好一個要素而獲得機會的經歷。比如，在公關公司實習，別人做簡報就只是把報紙剪下來、插入資料夾，我做簡報，不僅貼好分類標籤，還統計好數據，甚至附上分析報告，「簡報＋分析報告」，讓我獲得更多專案機會。做外交翻譯事務，別人翻譯只是翻譯，但我會增加額外工作，比如，開完會大家就能馬上拿到會議紀錄，「翻譯＋會議紀錄」的習慣，讓我迅速獲得更多機會。進入顧問業，別人做專案只給諮詢報告，我做專案不僅要做好報告，還為企業提供更多價值，比如，翻譯、連結資源、寫商業計畫書、公開宣傳、融資，從而獲得長期顧問的合作機會。

請你拿出一個工作模組，為它做加法，讓對方感受到一種「超額滿意」。尤其在新領域起步時，對自己的高標準，會為你創造快速成長的機會。

第二，減法。哪些要素可以用簡化的方式先切入？

某知名新白酒品牌就是做減法的一個產物。傳統標準中，白酒大部分用在商務場合，好的白酒容量大，也很貴。這家白酒品牌做成可愛的小瓶裝，降低了單價，還用一些有趣的行銷方式，得到年輕使用者的喜愛。這樣的案例還有很多，像是只做簡單、便宜理髮服務的快剪店、取消飛機餐和非必要服務的航空公司……我們周圍很多機會，都是透過對傳統標準做減法來快速崛起的。

那麼，結合自己來思考，你即將要切入的第二曲線，可否透過減法，從更簡單的產品或模式開始切入，這也會幫你和客戶節省成本。

在我剛開始進入顧問行業時，老闆請我拓展市場。我發現，自己每次熬夜做很複雜的顧問專案建議書，但卻很難拿下專案，業績也很慘澹。後來，我就對專案做減法，先只抓關鍵的小項目，而不是一下子建議好幾百萬的大項目。這時，因為專案額度不大，人力資源負責人能夠作主，很快就切入到客戶企業裡。透過小專案的交付，深度理解客戶需求，獲得信任後，就能夠繼續挖掘更長期的大專案合作。

顯然，減法可以讓事物變得簡單，讓他人容易接納和切入。

第三，乘法。哪個要素可以用價值網放大？

我們在前面第五章價值網中強調，價值網是放大位能的槓

第七章　敢迭代：沒有成功，只有成長

桿，我們可以藉助價值網來獲得翻倍，甚至指數級的成長。

丹妮，是我的一位教練學員。她夢想在臺北創出自己的一片天地。她賣過化妝品，當過導遊，做過網路購物，後來進到一家醫美集團當助理。幾年前，她在集團高階管理人經營會上端茶倒水，聽到要推出「群眾募資美容院合夥人計畫」。她瞬間覺得自己在銷售上有優勢，加上那時風口上的群眾募資模式，這個專案一定能做起來。第二天，她就把 20 萬元積蓄全部拿出來，成為第一批合夥人。之後，她迅速從做網路購物時累積的客群開始推廣。短短一年內，她不僅成功開了自己的第一家店，還發展了 200 位門市合夥人，獲得了集團給予的可觀銷售獎金。

如此快速的成長速度，她自己都始料未及，但事業哪能那麼容易就成功？原本都已經啟動上市計畫的母公司，因資金鏈斷裂，開始大幅縮減對各分店的經營支援。原本門市裝修、產品研發、儀器採購等各環節，都由集團統一管理，後來卻要分店自生自滅。不太懂經營管理的幾百家分店，如同一盤散沙，開始一個個崩塌。終於，丹妮的兩家小店也因經營不善，入不敷出，終於關了。

失敗的丹妮需要重新找到事業的「第二曲線」。剛好，她趕上線上直播購物的興起。憑藉「美妝銷售」和「團隊發展」能力的優勢，丹妮進入一家直播平臺，成為拓展總監，讓很多小店店長轉成直播主。這家直播平臺在一年內，使用者數量迅速達到 5,000 萬，公司也因此獲得了 1 億元 A 輪融資。

04 自我迭代的四步循環

我們先不評判丹妮的第二曲線選擇的對錯，值得稱讚的是，無論她做什麼，都是基於自己的優勢，在風口領域裡與大平臺合作，並透過團隊發展和網路的力量，每開啟一條線，其成長速度都非常快。

不難看出，快速成長的乘法公式是：

成長位能＝優勢 × 大勢 × 價值網位能

請你盤點自己的價值網，看看把自己的優勢放到哪個風口領域、與哪個平臺合作，能創造最大的成長位能呢？

第四，除法。剔除哪些要素反而會對成長有幫助？

舉個案例，我們習以為常地認為健身房是要簽長約的。但有一位建築設計師想，能不能剔除「簽長約」這個要素？於是，他就創辦了一家連鎖健身房，在「不簽長約」的健身模式下，主推「按次付費」的團體課。一年半內，健身房就完成從0到1的突破，建了多家門市，且營收都非常好。

剔除一個習以為常的「長約」要素，竟然成為轉型創業的好開始。除了剔除事情中的要素，工作中剔除「人」的干擾要素也是很重要的。

一位企業發展專家張女士曾分享她的故事。那時她剛接管一個區域，準備開啟新的工作。可屬下的三個團隊主管，找副總裁說：「我們不接受新經理，原本的經理帶我們，能拿全國第三，她看起來好像能力不怎麼樣。」

第七章　敢迭代：沒有成功，只有成長

　　三個主管中，主管 A 是全國業績第三，但最反對她；主管 B 倒是有上進心；新晉主管 C 是懵懵懂懂。通常，區域負責人需要管好每一個團隊，才能做好整體業績。而張女士採用除法，也就是日常管理工作中剔除 A 的干擾要素，不理會他。她把精力和資源投入到有潛力的主管 B 和新晉主管 C 上。在她的輔導下，三個月後，主管 B 拿到全國第二，新晉主管 C 也從第 40 名上升到第 8 名，而老主管 A 卻跌落到 15 名。這時，老主管 A 才主動攤牌，表示自己也願意接受她的領導。最終，其區域一年內就提高到全國第一名。

　　所以，有些時候，直接剔除阻礙要素，也是可以放大位能的好招式。

　　不管是加法、減法、乘法還是除法，都圍繞著一個「單一要素」來展開。透過單一要素最大化，放大正向的位能，減少負向的干擾，這才能夠讓你的「第二曲線」迅速進入快車道。

▋ 復盤：讓思維持續升維

　　尋找第二曲線的破局點，找到其中的單一要素，全身心投入，把它最大化，完成了這三個動作還不夠，還要進行最後一步，就是「復盤」。

　　復盤，不僅是對前面行動策略進行總結，更重要的是，透過對成功要素的提煉和改進問題的分析，讓思維持續升維。這才是復盤的真正意義所在。

04 自我迭代的四步循環

線上教育平臺的李教授曾說，他最害怕自己不成長了。他自己判斷是否成長的指標叫「蠢蛋係數」。意思是，如果今天的你看一年前的你，沒覺得是個蠢蛋，那此刻你很可能已經是蠢蛋了。

工作中獲得成長的最好方法是「復盤」，那該如何做好復盤，並調整自己呢？

第一步，先照顧好感受，幫內心充電。

如果你的挑戰是成功的，那你就要藉助一次又一次勝利的小戰役，將這種正面情緒和能量，不僅傳遞給自己，還要傳遞給你的夥伴，讓他們更加相信你，堅定地與你同行。

如果你的挑戰失敗了，那就更應該先照顧好自己的感受，幫內心進行充電，以備有足夠的心力去開啟下一個征程。

小敏，是我高中同學。她其實條件不錯，頂尖大學畢業，做過外商公司高階管理人祕書，之後跑到英國念碩士。她的前半生得心應手，直到從英國回國。30歲那年，剛回國的小敏，開始重啟事業的第二曲線，想去一家有前途、薪水高的好公司。可是，在人才濟濟的臺北，她想找到這樣的好工作，還真不是那麼容易。

「今天那家公司的面試官我真是看不上，竟然問那樣的問題……」

「今天的面試讓我感覺我真的什麼都不會，這些年白繳學費了……」

第七章　敢迭代：沒有成功，只有成長

「我的人生好失敗，瞎忙幾年竟然連房子也還沒有……」

每次面試完，她都會打電話給我，剛開始是抱怨面試官，被拒絕次數多了後，她就開始否定自己，半年之後，連履歷都不想投了。我想介紹獵才朋友給她，看是否有機會，她也不願去，覺得自己沒臉見人。顯然她已經進入了「失敗模式」。

「失敗模式」的人，會有三個錯誤信念：

- 事的失敗＝人的失敗；
- 一件事情的失敗＝整個人生的失敗；
- 當下的失敗＝未來的失敗。

就像小敏，幾次面試沒過，她就認為自己都好失敗；找工作不順利，會覺得整個人生都好失敗；暫時沒有找到工作，卻覺得未來也根本沒希望。其實，一件事的成敗並不代表你的價值，不代表人生的全部，更不代表未來的可能性。這一切，僅僅只是一場戰役、一個過程而已。

所以，無論成功與否，坦然接納結果，關照自己的感受，看到正向的一面。

第二步，確定改進問題，改變可控因素。

有了強大的內在力量，就回到事情本身去復盤、分析。不管這件事成功與否，你可以從目的、目標、策略三個層面來盤點可以改進的問題和策略。

第一層面，目的。你的目的真的是對的嗎？

04 自我迭代的四步循環

你為什麼要嘗試這件事？有沒有什麼變化讓你動搖了？就拿小敏找工作來說，她的目的貌似是要找到事業第二曲線，但其實她去面試的目標企業，並不是發自事業願景的選擇，而更看重頭銜、薪酬、地點等要素。這時候，用人部門也很難感受到求職者發自內心的強烈意願，面試怎麼可能成功呢？

第二層面，目標。你的目標定得合不合理？

拿小敏來說，她的目標是「找到薪水高、自己喜歡，且有前途的工作」。先不說這幾項指標並不是職涯發展要考量的好關鍵指標，就算按照這個指標，喜歡的工作，薪酬不一定會高；薪酬高的工作，自己不一定喜歡，這些指標之間會相互「打架」。這個世界上沒有完美的工作，要用關鍵性的、發展性的指標來確定自己的目標。

第三層面，策略。你真的有策略地執行了嗎？

就像小敏，從寫履歷、投履歷、去面試，到後續溝通，都需要有策略。而她的履歷沒有針對企業修改版本，投履歷也沒有具體目標，就在徵才網站上隨意投遞。面試前不做足功課，面試後不追蹤溝通，也不復盤看看有什麼問題需要改進。

找到好的事業平臺，對我們的人生發展和成長都至關重要。而如此重要的事情，自己都未能設好目標，有策略地完成，那還怎麼埋怨外部環境呢？

的確，成事需要天時、地利、人和。做成一件事，除了自己

第七章 敢迭代：沒有成功，只有成長

之外，還需要外部環境的支持。如果你能控制一些要素，那你就盡力去改變；如果是改變不了的外部因素，請你停止抱怨，學會自我負責，從改變自己所能改變的開始入手。

第三步，升級思維，重啟新探索。

著名投資家達利歐在《原則》中說，「痛苦＋反思＝進步」。

看起來心態也調整了，反思也做了，我們是否真的進步了呢？殊不知，大部分人固然透過復盤，進行了反思和改進，但卻大都停留在「反思事件」的層面上。

別忘了，復盤並不是為了簡單改進問題或追究責任，而是為了迭代和成長。如果你只看到事件上的改進，未能升級自己的思維，迭代就無從談起。那麼，如何升級自己的思維呢？

研究學習學的美國著名教授邁克爾・西蒙斯（Michael Simmons）在〈貝佐斯、馬斯克和巴菲特的獨特，在於他們對時間的看法不同〉中認為，貝佐斯等這些鉅子們會用四維的眼光來看世界和思考問題。

- **一維視角：專注於某一個領域（專業化）**

比如，一個失敗專案的復盤中，可能從技術工程師的視角，他只能看到自己技術的問題，而非看到團隊管理的機制問題。

- **二維視角：跨學科學習，應用於特定領域（跨界通才）**

比如，一個網路產品經理去學習教育學科，做出了線上教育的好產品，這就已經開始跨界了。

04 自我迭代的四步循環

- **三維視角：從技巧到原則（思維模型）**

比如，有些人可以歸納出某些問題的底層原則或邏輯，可以舉一反三，下次遇到類似問題，就能夠有方法和工具很快解決。

- **四維視角：從過去到未來，跨越幾百年的長線思考（時間）**

有些人從歷史長河中找到規律，並思考未來更長時間的發展趨勢，那些能夠做出偉大公司的大企業家們，無一例外，都是具備長線思考維度的高人。

盤點一下，你自己是否擁有這四個維度視角？

無論你在哪個維度都沒關係，成長就是不斷發現自己思維中的 bug（漏洞），不斷修正、鍛鍊，從而不斷迭代。也只有這樣，下一次的探索有了更好的指導原則，成功的機率也會更高。

很久以前，在還沒總結出超級單兵成長羅盤之前，我自己在第二曲線的探索中也走過各種冤枉路。我曾經因為有人要給我訂單，而註冊過一家國際貿易公司。第一次做國際貿易的我，就把這個單子給搞砸了。我不僅沒賺到錢，還倒貼公司的日常開支，而且之後也未能拓展業務了，這個第二曲線的嘗試，很快以失敗告終。

那時的我，簡單地以為自己是因為缺乏國際貿易知識和經驗，所以才會失敗。現在想來，在這樣簡單的問題復盤中，雖然我證明了自己試錯了一個方向，但其實我並沒有從這個復盤中得到真正的成長。因為，我只是停留在一維視角，也就是專

第七章　敢迭代：沒有成功，只有成長

業化的視角去看問題。

之後，我決定要做喜歡的事，就想當培訓師。可是，剛入行的我，不僅幾個月都沒有培訓課邀請我，偶爾接到的課，也並不是我想講的主題。更要命的是，沒有固定薪資的我，繳完房貸後，手裡基本上沒什麼積蓄了。最糟糕的時候，帳戶裡只剩下 2,000 元，都不知道下個月該怎麼生活。

到了人生的谷底，我才真正開始重新思考自己過去活法中的漏洞。我重新按上面的四維視角來對自己進行盤點。

一維層面，沒有專業。我在嘗試做國際貿易的時候，並不具備專業的貿易知識和技能。再之後，即便改了方向，我依然也沒有專注地培養出一個我的專業，今天講禮儀、明天講溝通，當講師都沒有專業定位。

二維層面，沒有跨界融合。不管是做貿易還是當講師，我並不懂如何做行銷，更沒有意識去學習和突破如何做行銷，所以根本拿不到新單子。更別提用更深的哲學、科技等其他領域的知識來提升自己。

三維層面，沒有體系。那時在選擇行業的時候，我並沒有清晰的選擇原則，連自己的大學科系「管理學」也沒有形成系統化的知識體系，更別提知行合一與實踐相結合，形成屬於自己的思維模型。

四維層面，沒有長期規劃。我從沒有思考過自己未來要活成

04 自我迭代的四步循環

什麼樣子,更沒研究過用更長時間、更大空間的視角去看世界,以這種視角去長期規劃,用長期的視角去發現問題、解決問題。

這一次的復盤,讓我開始改變自己。首先,不浮躁地在顧問專案中精進自己的專業能力。我也開始跨界去學心理學、教練技術,甚至文學、藝術、生物等課程,也去與不同行業和學科的高人交流。我開始整理出企業管理與領導力方面的知識體系,更重要的是,更長遠地規劃自己的使命、願景和價值觀,讓其成為人生的指導原則。

直到今天,我依然不斷尋找人生事業的下一個「第二曲線」,也依然在不斷升級思維的路上。不同的是,相比多年前盲目試錯的自己,至少如今的我,已經知道自己該往哪裡去,該往哪裡努力。

總而言之,從預測、破局、成長到復盤,自我迭代,其實是一個自我探索的過程,是一個動態修正的循環、一輪又一輪、永無止境的成長過程。

有了自我迭代的理念,實踐在自己的〈年度策略地圖〉時,我一定會在目標設定中,為自己設定「迭代目標」,迭代目標就是為了布局「第二曲線」的一些挑戰性的目標。甚至,還有意留出空白,給自己未知的空間去探索無限的可能性。

最後,以亨利・福特(Henry Ford)在自傳中的一段話作為本章的結尾:

第七章　敢迭代：沒有成功，只有成長

如果僵化就是成功，人們只需要順應人性懶惰的一面就可以了；但如果成長才意味著成功，那人們每天早上都必須以全新的面貌醒來，保持一整天的精神抖擻。

沒有成功，只有成長，希望明天的你，又是全新面貌的你自己。

05 重點筆記

■ 第二曲線：

非連續性的未來曲線，是透過能力和邊界的拓展，迭代出來的新的發展空間。

■ 第二曲線三個關鍵點：

- 極限點：第一曲線終將到達極限點；
- 非連續性：第二曲線不是第一曲線的延長線；
- 破局點：第二曲線趁早從更低的地方開始破局。

■ 自我迭代的三個陷阱：

- 陷阱一：遇到「虛假極限點」；
- 陷阱二：對「更好」的期待；
- 陷阱三：「過度滿足」市場需求。

■ **自我迭代的四步循環：**

◉ 預測：辨識第一曲線極限點；

◉ 破局：尋找第二曲線破局點；

◉ 成長：單一要素最大化。

◉ 復盤：讓思維持續升維。

> **推薦閱讀**
>
> 〔美〕克雷頓・克里斯汀生,《創新者的窘境》,胡建橋譯,北京,中信出版社,2010。
>
> 〔英〕查爾斯・韓第,《第二曲線》,苗青譯,北京,機械工業出版社,2017。

第七章　敢迭代：沒有成功，只有成長

結語
超級單兵是如何練成的？

2020 年 9 月，我以引導師身分，與企業客戶團隊一同走了「玄奘之路戈壁行」。至此，我已經走完了玄奘之路 A 段 108 公里和 B 段 122 公里，共計徒步了 230 公里的戈壁。

也許是老天的安排，此時恰逢我剛剛完稿新作《超級單兵》，帶著超級團隊，玄奘之路讓我再一次深刻理解了超級單兵是如何訓練成的。

玄奘之路，顧名思義就是唐朝著名高僧玄奘法師前往「西天」的取經之路。1,300 多年前，玄奘一人一馬從西安出發到天竺那爛陀寺，一來一往 25,000 公里，17 年的光陰，就走在一條取經之路上，並留下著名的「寧可就西而死，豈能東歸而生」的絕句。我們所走的，正是當年玄奘打破水袋，五天四夜滴水未進的、最艱難的那段「八百里流沙」，在這裡九死一生的玄奘也迷茫過、糾結過，但最終得以人生轉折，實現普渡眾生的使命。

玄奘，就是我心中的超級單兵。

企業客戶團隊創業 5 年，並勵志要打造服務生活的超級平臺。這次來的都是職能部門總監或區域總經理級的中堅力量，

結語　超級單兵是如何練成的？

　　每個人都是在行業打拚多年的優秀老將，每個人卻都告訴我，創業很艱辛。

　　這一路，我們走過艱難的鹽鹼地，踏過刺人的駱駝刺；這一路，我們忍受著讓人晒脫皮的大太陽，面對過伸手不見五指的沙塵暴；這一路，我們腳上起了無數水泡，也有過放棄的念頭，但最終都突破了自己，完成了最初看似無法完成的挑戰。

　　團隊的每一個人，都是我心中的超級單兵。茫茫戈壁，像極了人生的苦難之路，像極了創業的艱險之路。

　　穿越戈壁，不僅穿越了時間，感受到千年之前玄奘那堅定的使命感；還能穿越自己的內心，感受最真實的自己；更是穿越天地，感受眾生的可愛。這，就是超級單兵的修練之路。

01　見自己，回歸內在

　　頂著烈日，獨自行走，從現世中抽離自己，彷彿穿越回到最真實的自己。

　　我的前半生一路都是那個乖巧的「別人家的孩子」，30歲前按世俗標準，完成了所謂的人生作業。從偏鄉披荊斬棘到世界名校，從一個名不見經傳的小助理，到外交翻譯和外商公司高階管理人，貌似我活成了別人羨慕的樣子。

直到2014年，我走到了自己的人生至暗時期。婚姻的變故、事業的低谷、背負的債務，我都不知道該如何用力擺脫這一切。那個時期，我邊工作邊上MBA，邊照顧年幼的孩子，邊帶身患癌症的老人治療。多重壓力下，身體也吃不消，每到午夜就劇烈偏頭痛，整夜整夜無法入睡，備受折磨。

那時的我，無論外界給了怎樣的標籤，沒有了自信，也感受不到幸福。

正是這個時期，我在西點軍校和哈佛大學遊學的過程中，終於尋找到了自己的人生使命，也就是「提升他人、提升企業」，確定了自己的願景，即「成為團隊管理與領導力領域中，對企業有價值的實戰型專家」。

這，也就是超級單兵成長羅盤的「核心層」，使命、願景、價值觀。

行走戈壁途中，曾有學員問：「我不太理解為什麼妳不做外交翻譯那樣光鮮的職業，而選擇了現在的活法，妳不後悔嗎？」

我不僅不後悔，而且還無比篤定。猶如當年玄奘確定了自己人生使命後，不管多少歲月、多少險阻，都無法改變他的初心一樣，當自己內在的使命越來越清晰時，你並不會為了成為別人眼中的英雄而討好世界。

職業只是一種承載形式，活成自己想成為的那個真實的自己，你就先成為自己的英雄。

結語 超級單兵是如何練成的？

02 見天地，擁抱環境

「八百里流沙，古日沙河，上無飛鳥，下無走獸，復無水草。」

可見，走在天地間，我們所處的環境是極其惡劣的。

我與團隊行走的第二天，是最難走的路段，是近 40 公里的最長路程，雪上加霜的是，我們還遭遇了罕見的惡劣天氣，時而酷熱難耐，時而暴雨風沙，這段路讓我們真正體會到了什麼叫「絕望」。

途中，我們遇到沒有預想的沼澤地，只能原路返回，重新調整路線。好不容易繞過沼澤地，卻又陷進充滿駱駝刺的艱險路段和極其難走的鹽鹼地。走著走著，有人迷了路，有人腳起了水泡，有人對講機沒電了，也有人喝完了水，卻找不到補水站。

變化、危機、問題……讓我們恐懼、焦慮、痛苦，甚至絕望，但我們必須擁抱環境，擁抱變化，探索不確定的前路，改變我們的策略，加快我們的步伐。

這就是玄奘之路，經歷九九八十一難的艱險之路。

2020 年，世界不易，每個人都不易。我們不僅共同面對疫情，更要面對後疫情時代的種種挑戰和問題。但我們必須學會接納和擁抱環境的巨大變化，這次的疫情過去，還會有下一個、再下一個問題等著我們面對和解決。這本就是自然法則，

也是我們的人生常態。

那一天，是最難的一天，但那一天恰恰激發出人的無限潛能。我們不僅全部完賽，而且成績還異常的好。大家相擁在終點，豎著大拇指，激動得熱淚盈眶。

只有經歷磨難，不斷突破自己，才能蛻變成為真正的超級單兵。

03　見眾生，相信利他

茫茫戈壁上，確定了終點站，我們有無數不同的路徑可以抵達那裡。

這時，我們需要定策略。到底定什麼樣的目標，用什麼樣的策略？你到底是為了「贏」而奔跑，還是為了「融」而與團隊一起走？不同的目標，決定著不同的策略和路徑。

我們看到練內功的重要性。平時有訓練、有累積的人，即使年齡很大了，也比完全不運動的人要走得輕鬆很多。同時，在戈壁行走，還需要學會如何正確地走路、如何使用登山杖等專業的技能，在這裡，你會再一次體會專業的重要性。

我們要在快執行中迅速調整。每個人的策略方法並不一樣，有人說應該中途換襪子才不起水泡，有人卻說不要脫鞋；有人說要背滿 2 公升水才夠，也有人說少帶點水再補給。到底

結語　超級單兵是如何練成的？

如何行走、帶多少資源、用什麼節奏，唯有自己走過，才知道什麼是適合自己的。

我們還需要好夥伴、好團隊。如果你身邊有能夠鼓勵你、激發你且專業的好夥伴，你絕對能走出更好的成績；如果你所在的團隊有優秀的領導者，角色分工明確，凝聚大家同心，協同一起向前，整個團隊都能獲得好成績。

一路上，我們需要抗風險。帶著足夠的水和餐食，用好對講機和導航儀，這些都能幫助我們降低風險，但說好的 15 公里補給站，有可能 25 公里才出現，走入無人區、沒有手機訊號，一切都說不好。

我們也需要迭代策略。每天晚上，我帶著大家復盤，並基於第二天的目標調整策略。比如，我們第一天晚上開復盤會議，根據不同的配速重新組隊，拉出一個核心團隊，讓他們探索路線和衝刺成績，其他隊員分成兩個梯隊，結伴而行。

我欣喜地發現，超級單兵成長羅盤在茫茫戈壁中也能幫我們指明方向、找到策略、給予能量。但最終，走完戈壁，我倒是覺得，這些固然重要，卻也都是技術層面上的工具方法。

真正成就大家走到終點的是相信的力量，真正讓人在無盡艱辛中喜悅的是利他的力量。從利他的使命出發，以利他的方式行走，最終你會遇見真善美的眾生。

何休，核心團隊隊長，帶領能衝刺的隊員一路勇敢探索，

果敢決策，翻山越嶺、開闢了新的路徑，大大幫助團隊提高了成績。

一誠，區域總經理，這一路帶著傷病，陪伴落在後面的隊員小微。在他的幫助和鼓勵下，小微最終堅毅地完成了對她來說是無法踰越的挑戰目標。他們的堅毅，也激發了其他夥伴們在之後的路上全部堅持完賽。

游陽，因早前交通事故遺留的腰傷復發，無法繼續走下去，起身都很痛，卻堅持在路上吶喊助威，在終點站迎接每一個隊員，並在計分表上寫上「游陽，一直和大家在一起」。

雲霞，委員會的一名工作人員，在沙塵暴中怕隊員們迷失方向，不顧自己處在生理期，竟主動扛著紅旗，在風沙中走了38公里。在她的指引下，全隊沒有一個人掉隊，全體安全地抵達終點。但恐怕沒人記得她叫什麼名字。

超級單兵，是像何休那樣往前衝的核心團隊隊員，也是一誠那樣陪伴、游陽那樣支持的同行者，更是像雲霞那樣利他奉獻和服務的無名英雄。

見自己、見天地、見眾生，重走玄奘之路，我終於明白，不管人生也好，創業也罷，因為相信，所以看見；因為利他，世界才美好。

很多人問，為什麼要走玄奘之路？為什麼開車一個小時的路，非要自己走30個小時？正如我小時候也曾不解，為什麼孫

結語　超級單兵是如何練成的？

悟空一個筋斗雲就能到，還要經歷九九八十一難去行走？

走完玄奘之路，我終於明白，所謂「取經」，不過是自我修練的過程，只有磨礪身體、修練心性、體悟人生，才能獲得「真經」。所謂「真經」，都是在你的一步一腳印中，在你一路點點滴滴的經歷中！

回到本書最初的主題，我們如何練成超級單兵？最初，我的初心是希望給大家成長羅盤，讓你少走冤枉路，快速成長。但最終，如同玄奘取經，不管是誰，都需要一步步行走，需要一點點體悟，才能真正擁有屬於自己的人生羅盤。明天，你我都還要重新上路，加油，超級單兵們！

國家圖書館出版品預行編目資料

超級單兵：不斷自我進化的成長法則 / 朱小蘭著 . -- 第一版 . -- 臺北市：山頂視角文化事業有限公司, 2025.07
面；　公分
POD 版
ISBN 978-626-7709-27-6(平裝)
1.CST: 職場成功法
494.35　　　　　　　　　114009018

超級單兵：不斷自我進化的成長法則

作　　者：朱小蘭
發 行 人：黃振庭
出　版　者：山頂視角文化事業有限公司
發 行 者：山頂視角文化事業有限公司
E - m a i l：sonbookservice@gmail.com
粉 絲 頁：https://www.facebook.com/sonbookss/
網　　址：https://sonbook.net/
地　　址：台北市中正區重慶南路一段 61 號 8 樓
8F., No.61, Sec. 1, Chongqing S. Rd., Zhongzheng Dist., Taipei City 100, Taiwan
電　　話：(02) 2370-3310　　傳　　真：(02) 2388-1990
印　　刷：京峯數位服務有限公司
律師顧問：廣華律師事務所 張珮琦律師
定　　價：420 元
發行日期：2025 年 07 月第一版
◎本書以 POD 印製